成 长 也 是 一 种 美 好

PSYCHOLOGIE DE LA PEUR

面对的勇气

做无惧无畏的自己

[法] 克里斯托夫·安德烈 著　李乔 译

Craintes, angoisses et phobies

人民邮电出版社
北京

图书在版编目（CIP）数据

面对的勇气 ： 做无惧无畏的自己 / (法) 克里斯托夫·安德烈著 ; 李乔译. -- 北京 : 人民邮电出版社, 2022.7
ISBN 978-7-115-58897-5

Ⅰ. ①面… Ⅱ. ①克… ②李… Ⅲ. ①成功心理—通俗读物 Ⅳ. ①B848.4-49

中国版本图书馆CIP数据核字(2022)第042056号

版权声明

◆ 著 ［法］克里斯托夫·安德烈
译 李 乔
责任编辑 宋 燕
责任印制 周昇亮
◆人民邮电出版社出版发行 北京市丰台区成寿寺路 11 号
邮编 100164 电子邮件 315@ptpress.com.cn
网址 https://www.ptpress.com.cn
河北京平诚乾印刷有限公司印刷
◆开本：880×1230 1/32
印张：10.25 2022 年 7 月第 1 版
字数：260 千字 2022 年 7 月河北第 1 次印刷
著作权合同登记号 图字：01-2021-2064 号

定 价：68.00 元
读者服务热线：（010） 81055522 印装质量热线：（010） 81055316
反盗版热线：（010） 81055315
广告经营许可证：京东市监广登字20170147号

致我的朋友米歇尔，

他从未向恐惧屈服。

前言

那是晴朗的一天。

我和桑德里娜去花鸟市场。我们走向鸟笼，停在离鸟笼几厘米的地方观察笼中的小鸟。这是桑德里娜人生中第一次离鸟如此之近。她曾经是那么地怕鸟……

然后，我和雅克一起去购物。我们在每个柜台前都停留很久并多次排队结账。让他没有想到的是，虽然那种站立过久时袭遍全身的不适感让他非常恐惧，但他并没有晕倒。

稍后，我又与奥迪尔聊了聊她的窒息恐惧。当乘坐的电梯出现故障或被关在厕所里时，她都会害怕自己因窒息而死亡。接着，我们就去做了一个试验。至于试验的地点和方式，我会在本书中详细介绍。

之后，我陪着索菲和艾蒂安在地铁里大喊大叫。地铁上的乘客先是饶有兴趣地看着我们的表演，但很快又低头继续阅读手中的报纸。索菲和艾蒂安意识到，自己对出丑的恐惧并不要紧。这种恐惧并没有为他们带来想象中的困扰。

啊，我差点儿忘记了艾洛蒂，她非常害怕死亡。于是我们一同前往蒙帕纳斯公墓。我们在墓碑之间穿行，大声地读出声名显赫或默默无闻的逝者的名字，向他们寄予哀思，并轻触他们的墓碑。我们感到生与死平静地交织着。这让艾洛蒂陷入了深思，她开始用全新的视角看待死亡……

我们在不同的时刻颤抖、前进、后退、讨论、思考。我们还时常微笑。

当我和雅克在牙刷柜台前盯着牙刷看了一刻钟后，我们引起了超市保安的注意。如何向保安解释我们正在做心理治疗的练习呢?

索菲则被路过的行人询问摄像头的隐藏位置，因为他们坚信我们正在录制搞笑节目。

有时，恐惧弥足珍贵，因为它可以救人性命。有时，恐惧会令人万分痛苦，甚至夺走我们的自由。我从事恐惧症治疗已有20余年。20年中，我陪伴很多恐惧症患者去他们害怕的场所，帮助他们克服心中的障碍。在此过程中，我见证了他们在与恐惧症的斗争中展现的勇气和顽强的意志。这与常人眼中恐惧症患者意志软弱、安于现状的形象完全不同。

本书献给所有恐惧症患者。我们将在书中纵览目前所掌握的与恐惧症相关的知识，并回答以下问题：为什么我们都能感到恐惧？为什么一些人会患上恐惧症？这是他们的错吗？恐惧症能治好吗？以及，我们如何获得直面恐惧的勇气?

目录

第一章

正常的恐惧和病理性恐惧

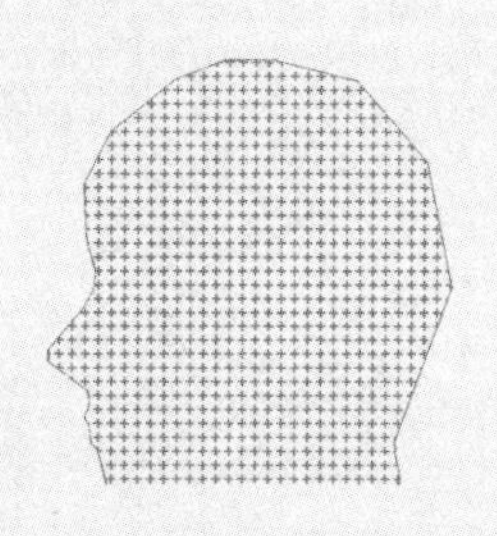

我们应该聆听内心的恐惧，因为在面对危险时，恐惧是人体宝贵的报警系统。然而，我们不应该屈服于恐惧，因为有时报警系统也会失灵。恐惧类似于某种过敏反应，一旦加重，便可能转化为恐惧症。

就像我们不该为过敏、糖尿病或者哮喘的发作承担责任一样，我们也不必为过度或失控的恐惧自责。

虽然恐惧和惊恐情绪往往会不由自主地产生，但是我们可以了解它们，进而学会从容地应对它们。

“所有人都会感到恐惧。所有人。
从未感到恐惧的人是不正常的。”

——让 – 保罗 · 萨特

我有几个表兄。虽然他们是登山运动员，但高山会令他们望而生畏。他们的恐惧心理与惊恐心理有所不同，用他们的话来说，这是一种“健康的恐惧”、无碍的恐惧。他们知道顶峰和冰川的风景无与伦比却又危险重重。缺乏经验或过于自信会令人无所畏惧，而这往往会导致事故的发生。所以说，这种情况下的恐惧心理是有益无害的。

贝特朗害怕鲨鱼。他清楚地记得这种恐惧缘何而起，那就是美国惊悚电影《大白鲨》！自从看了这部电影，每当游泳远离海岸时，他都会不由自主地感到好像有一条鲨鱼在悄悄逼近，并准备从他身上选一块好肉大快朵颐。他强迫自己留在水中，但总是无法放松地游泳。这种恐惧心理无疑会妨碍他的生活。

我有一个朋友害怕坐飞机。她的这种恐惧心理就更麻烦了。与在海里游泳相比，她坐飞机的次数更多，也更加不可避免。另外，她的恐惧更加强烈，也更难以控制。她因此极力避免乘坐飞机出行，但如果实在无法避免，她会服用一种酒精类混合物，用她的话说，这可以让她“无所畏惧地飞行”。在旅程中，她会闭上双眼，进入半昏迷的状态。然而，她仍会十分紧张，行李架的丝毫声响都会令她心惊胆战。如此的恐惧使她深陷痛苦之中。

有一天，我接待了一个 20 多年都没出过家门的患者。离家过远时她可能会产生强烈的不适。她对此深感恐惧。她所患的这种恐惧症的学名叫作广场恐惧症或旷场恐惧症。这是一种非常严重的精神缺陷，对她的生活产生了很深的负面影响。

面对危险或者察觉危险可能到来时，我们都能感受到恐惧。恐惧是一种很“基础”的、普遍的、无法避免又十分必要的情绪。和其他动物一样，人类在大自然影响和不断进化的作用下，会在某些情况下产生恐惧。我们需要它，因为有了恐惧这个警报系统，我们才能在面对危险时提高警惕，从而提高生存的概率。

恐惧：警报系统

想象一辆汽车或者一栋房子，通常只有在被侵入或者发生火灾的情况下，其警报才会响起。而此时，也只有警报才会为了让人听到而发出很响的声音。警报声要持续足够长的时间才能引起人的注意，但只有能被随时关闭，才能让人头脑冷静地解决问题。

人体存在天然的警报系统。咳嗽反射就是其中一种。烟雾污染严重的环境会引起咳嗽反射。咳嗽反射是支气管和咽喉痉挛的结果（支气管收缩限制有毒气体的吸入，咽喉收缩排出异物）。咳嗽是有益的，因为它警示我们，人体继续吸入被污染的空气会出现问题，从而起到保护肺泡的作用。然而，咳嗽反射对由极微量的花粉引发的哮喘却是无益的，因为花粉并不是对人体有害的物质。这时，问题并非由环境引起，而是我们的免疫系统出现了异常。

恐惧也是如此。恐惧也是一种警报系统。和其他警报系统一样，它的功能是让我们注意到危险的存在，从而有准备地从容应对。恐惧作为警报系统的特别之处在于我们可以主动对它进行调节。

什么是正常的恐惧

正常的恐惧是一个可以有效启动和调节的警报系统。只有面对真正的危险，而不是有可能发生的危险或记忆中的危险时，警报系统才会恰如其分地启动。正常的恐惧在启动时会考虑事件发生的背景。一只老虎离你只有 3 米远，如果你身处密林，你会感到很恐惧。如果老虎被关在笼子里，你的恐惧便会十分有限。恐惧和危险程度应成正比，唯有如此，我们才会随机应变。例如，在随时可能发动袭击的毒蛇面前，我们需要小心后退而不是仓皇而逃。虚假警报确实存在，有时我们会虚惊一场。这是因为大自然告诉我们，虚惊总归好于后悔莫及。但这样的虚假警报只会偶尔出现，是可以控制的。

正常的恐惧会在危险消失或程度降低时很快消失。人听到巨响或有人悄悄走到身后时的恐惧就属于这种情况。这种快速调节恐惧反射的能力正体现了人体对环境的适应。恐惧在起到警报作用后应快速消失，否则就会变得多余且危险。我们后面会提到一种无法调节的恐惧，我们把它叫作惊恐发作。惊恐发作和哮喘发作的机理类似，会使人的调节功能失灵，甚至让人无法动弹。正常的恐惧只针对特定危险，人可以灵活掌握。我们可以根据情况和需求调高或调低灵敏度。在“精神计算机”上，如果只是去超市购物，恐惧程序不会启动；但如果是穿越森林或比较危险的街区，恐惧程序则一定会启动。对于恐惧这个程序，我们是有一定的控制能力的。

再举一个登山的例子。当走在陡峭的山路上时，看着四周的悬崖，想着跌落的可能和山下锋利的岩石，你会感到有点儿害怕。但你知道如果你小心落脚、谨慎慢行就不会有跌落的危险，这种可控而有益的恐惧就能起到保护你的作用。恐惧让你无暇关注四周壮丽的景观。在悬崖峭壁上，欣赏风景和小心前行只能选择其一。

恐惧何时变成病理性的

病理性恐惧就像一个启动功能和调节功能失灵的警报器。

启动功能失灵时，即使危险程度不高，警报器也会响起。你会经常收到虚假警报。就像一只在河边饮水时受惊的羚羊，叶片掉落发出的细微声音都会把它吓跑。这样的恐惧启动得过于强烈且不够灵活，很快就会变成惊恐发作。这种僵化的刺激—反应模式令人疲倦不堪。“我就像一个被猎人追捕的动物，”一个患有社交恐惧症的患者对我说，“每次出门，无论在路上还是在商场里，我都害怕别人和我交谈。回答一个很平常的问题都会让我的脸变得通红，让我颤抖，莫名其妙地浑身出汗。”

她的调节功能出现了异常，警报系统已经无法正常运转。这种情况可能很快会发展成无法控制的惊恐发作。这也是为什么恐惧症患者常常会出现我们称作“对恐惧的恐惧”这种现象。“只要我一开始感到恐惧，我就会担心它会发展成惊恐发作，会让我变得疯狂，让我做傻事，而事实上这正是我不应该做的。”病理性恐惧需要很久才能消失，但将它再次引燃却非常容易。这就是恐惧症复发[①]的现象。“我害怕得越厉害、越频繁，恐惧症的复发就越容易、越猛烈。”恐惧症患者甚至会经历恐惧自燃的现象。比如，患赤面恐惧症的患者会莫名其妙地脸红起来，即使身边没有其他人。他们在打电话时都会脸红，甚至在想象脸红或日常寒暄的时候都会脸红。再比如，患广场恐惧症的患者会出现自发惊恐发作或者夜间惊恐发作的情况。即使远离使他们紧张的环境，他们仍会感到严重的焦虑。

再举一个之前提到的登山者的例子，这次从那位广场恐惧症患者，也就是害怕空旷或恐惧本身的患者的角度来看。如果让她行走在悬崖峭壁上，第一眼看到四周的虚空，她就会吓得魂不附体。她的身体就会变成惊吓情绪的集合体。她会心率飙升，双腿颤抖，腹痛不止，头晕目眩。跌落悬崖的画面会在她眼前不断闪现。她想象自己跌入深渊，在山下坚硬的岩石上摔得粉身

① Return of Fear，指的是恐惧症治愈后的复发。

碎骨。她无法摆脱这样可怕的画面。她紧靠着身后的岩石一步也不愿向前走，一旦抓住岩壁，她只有紧闭双眼才能忽视令人头晕目眩的顶峰和遥不可及的地平线。她只能在同情或恼火的同伴的陪伴下一步一步将山路走完。一个同伴在前，一个同伴在后，一个同伴在她和悬崖之间，好挡住她的视线。

这些病理性恐惧有可能发展为恐惧症。那么病理性恐惧和恐惧症有什么区别呢？

从病理性恐惧到恐惧症

恐惧和恐惧症两个词在法语中区别细微而不易察觉，但是在希腊语中却有明显的区别。希腊语用两个完全不同的词来表达这两种含义。Deos 指的是一种经过深思熟虑、有所控制的担忧，而 phobos 指的是一种不理性、不受控制的强烈恐惧。[①]

恐惧和恐惧症有什么区别

假如你是一个害怕蜘蛛的人，你不喜欢去地窖，但是为了下去找一瓶好酒款待客人，你就能克服对蜘蛛的恐惧。同样，你不会因为周末要去乡间友

① 希腊字母可与英文字母对应，同时为方便读者理解，所以本句中的希腊语单词还是保留了法语原书的写法。——编者注

人家做客，而对他的衣柜里可能藏着几只蜘蛛这种想法浑身发抖。而且如果你真的遇到蜘蛛，你也会毫不留情地把它消灭掉。但是如果你有恐惧症，你会严词拒绝爬上阁楼寻找老照片的要求，即使是在受到威胁的情况下。去一个蜘蛛遍布的国家度假的想法会让你不得安生。如果你抬头看见一只蜘蛛，可能会害怕得不知所措，甚至不能将它打死。

恐惧症有以下几个症状：

- 强烈的恐惧，甚至会达到惊恐发作的程度；
- 恐惧是无法控制的；
- 恐惧会引发对某些事物和某些场景的回避行为；
- 在没有其他选择、只能面对的情况下会感到极度的痛苦；
- 恐惧会对生活造成一定障碍，尤其是提前焦虑和回避行为，恐惧症本身不会对人身产生威胁，但会严重影响患者的生活质量。

当然，恐惧和恐惧症之间也会有一个过渡阶段。这个阶段的恐惧还是正常的，尚未演化成恐惧症。这种处于两者之间的恐惧受环境支配，例如社交恐惧、对在公众面前讲话的恐惧。在社交领域会有两种极端情况：有的人毫不紧张，有的人哪怕在两个人面前也张不开嘴。大部分人处于两种极端之间。他们会根据环境的不同，比如观众人数（10 人还是 100 人）及观众的欢迎程度、熟悉程度、对话题的了解水平（是否比演讲者更权威）等，做出不同反应。

我们可以注意到恐惧症对生活的影响程度也和它的发生环境相关。蛇类恐惧症患者如果居住在较发达的国家就会少受其苦，因为蛇这种动物已经从当地人的生活环境里渐渐消失了。但害怕封闭环境的幽闭恐惧症患者就会倍受折磨，因为他们需要经常出行，经常乘坐公共交通工具，他们的生活空间有限，却有大量时间在室内度过。

区分恐惧和恐惧症还要看引起恐惧的事物的危险程度。我们很少把对老虎或鲨鱼的恐惧称为恐惧症，因为我们认为这种恐惧虽然强烈，却也合理。但这种恐惧症在现实生活中也是存在的。有时，一张照片、一段叙事，甚至关在笼子里或海洋馆里的动物都能引起恐惧症的发作。相反，对于猫或沙丁鱼的过度恐惧则会被归类到恐惧症当中（见表 1-1）。

表 1-1　正常恐惧和恐惧症的区别

正常恐惧	恐惧症
属于情绪范畴	属于疾病范畴
强度有限，基本可控	强度可以导致惊恐发作，不可控
客观危险情况引发	不危险的情况也能引发
回避行为适中，轻微影响生活	回避行为严重，极影响生活
预期焦虑行为较少见，生活不被恐惧支配	预期焦虑行为严重，生活被恐惧支配
重复接触后恐惧强度下降	重复接触后恐惧强度不下降

恐惧和恐惧症的发作概率

有数据明确显示，恐惧和恐惧症是非常普遍的现象（见表 1-2）。恐惧和每个人相关。成年人中有近一半的人都经历过频繁发作的过度恐惧。而在遭受过度恐惧的人群中，只有 1/4 左右的人会被恐惧症困扰。也就是说，恐惧症要比正常恐惧少见很多。这种心理疾病在抑郁症患者或者酒精成瘾者中更为常见（甚至有可能伴随他们一生）。那些让我们产生恐惧心理的事物并非偶然出现。我们会发现，往往是在大自然的教化下，我们学会了在面对某种事物时产生恐惧。因为在进化过程中，这些事物现在或曾经对我们人类意味着危险。

表 1-2　大众人群简单恐惧症发病比例

恐惧类型	大众群体中过度恐惧的发作比例	大众群体中恐惧症的发作比例
空旷或高处	20.4%	5.3%
乘坐飞机	13.2%	3.5%
封闭空间	11.9%	4.2%
独处	7.3%	3.1%
雷雨风暴天气	8.7%	2.9%
动物	22.2%	5.7%
血液、伤口、注射	13.9%	4.5%
水	9.4%	3.4%
多种恐惧综合	49.5%	11.3%

注：样本为 8098 个成年人[1]，表格中的数字代表人一生的发病可能。

声称有其他恐惧的人在法国总人口的占比[2, 3]，如表 1-3 所示。

表 1-3　另外两种恐惧类型的比较

恐惧类型	过度恐惧	影响生活的恐惧	恐惧症
对别人目光和评判的恐惧	害羞：60% 紧张：30%	影响生活的社交焦虑：10%	社交恐惧症：2%~4%
对不适感或失控感的恐惧	偶尔出现的惊恐发作：30%（在人的一生中）	惊恐障碍（重复出现的惊恐发作）：2%	1/3 到 2/3 发展为广场恐惧症

恐惧症：强烈而持久的恐惧

恐惧症不仅仅表现为强烈的恐惧，而且是一个有独特发病机理的真正意义上的疾病。一旦发病，它就会持久地出现，有时甚至会恶化、扩大化。

儿童会经历很多正常的恐惧，在此过程中，他们会学着一点点克服这些恐惧。正是生活为他们提供了学习的机会，让他们逐渐学会面对恐惧、掌控恐惧。在这个过程中，他们也获得了有益的品质，比如通过丰富的经历学会谨慎行事。同样，成年人也会通过正常的恐惧学会自我治愈，一次又一次地主动面对危险（自我治愈不可能被强迫实现）便能达成这样的效果。

就拿在石子路上骑自行车摔倒的经历来说。这段经历可能对你有益处。当你重新开始骑车时，你知道遇到石子路时就要减速。这时，记忆中的恐惧成为有用的信息。这段经历也可能对你无益。你可能就此患上自行车恐惧症，再也不敢骑自行车。摔倒的回忆没有以普通信息的形式存储在你的记忆中（“我知道在石子路上应该慢行”），而是以恐惧的形式存储下来（“我再也不想骑车了，骑车太可怕了”）。

从恐惧中自我治愈的过程，也就是从中吸取经验教训从而重新面对挑战的过程。我们往往会被恐惧症中的两种态度所干扰。

第一种态度是回避和逃避态度，也就是选择不面对问题。比如，“如果我不靠近鸽子，鸽子就不会在逃跑时飞到我的身上”，或者“幸亏会议结束的时候我没有提问，否则我一定会闹笑话”等想法。逃避行为可以让人的恐惧没那么强烈，但是患者还是坚信危险存在，坚信如果再次遇到同样的处境，危险还会出现。

第二种态度是偶尔强迫自己面对恐惧，也就是在失去理智或极端懊恼时强迫自己面对恐惧。问题是，这样的行为往往会加重恐惧心理。因为患者是在痛苦中面对恐惧（“情况实在太糟了，这下我完了”），在回顾的时候告诉自己上次顺利渡过难关完全靠运气（“下次可能就没那么好运了”）。

恐惧症不只是恐惧和逃避，也是在面对恐惧时的情绪失灵

一些恐惧症患者会逃避让他们产生恐惧情绪的事物，但并不是每个恐惧症患者都如此。逃避行为和人格特质有关。有的恐惧症患者会有逃避行为，有的恐惧症患者会有主动面对的行为。例如，你是飞行恐惧症患者，而你决定强迫自己乘坐飞机。这种强迫行为会让你疲倦不堪且对你非常有害。你非但没有平静下来，反而会随着一次次飞行日渐恐惧。

事实上，解决问题的方法并不是强迫自己面对恐惧，而是成功处理面对恐惧的过程中产生的一系列情绪。如果你渐渐地变得没那么害怕，那就说明情绪脑明白了其实不存在危险，继续降低对过度恐惧的敏感度即可。而相反，如果一次次面对恐惧后，你的恐惧有增无减，那么情绪脑会坚信危险依然存在。虽然理智和逻辑一遍遍地重复着“危险是不存在的”，但似乎不起作用。

我们接下来会讲到，情绪脑是如何通过行动得以改变的。回避和思考都无法对恐惧带来改变。掌控恐惧像驯化动物一样，要用柔和且规律的方法，而非粗暴的手段。

强烈的恐惧和恐惧症是一种过敏式恐惧吗

我常常向患者解释，强烈的恐惧就像过敏症一样。

免疫系统是人体内天然存在的防御机制。我们的免疫系统可以有效地检查出对身体有害的物质，比如细菌、病毒或异常细胞。人体的免疫系统是天生就有的，但有些免疫反应是在接触致病物质后产生的，我们把这种免疫反应叫作获得性免疫。

我们的恐惧也是一样的。有些恐惧是天生的，是独属于我们人类的。每个物种都有天生的恐惧。对人类来说，蛇、老鼠、猫这些动物常常会引起天生的恐惧。有些恐惧是后天形成的，比如，被狗咬过的人可能怕狗，不小心溺水的人以后会怕水。

我们的恐惧可以与能够察觉危险的免疫系统相提并论。恐惧症类似于过敏症，也有过敏反应[①]。恐惧的迅速增加和过敏症及哮喘的发作一样具有爆发性和不适应性。

就像我们的身体有免疫记忆一样，我们的大脑也有对恐惧的记忆。免疫记忆的运行机制是这样的：每次接触抗原后，免疫系统的反应就会更快、更强；同样，我们也能看到，恐惧症患者的恐惧反应随着接触的增多变得愈加强烈。“我能感到恐惧的入侵性越来越强。最初我只是不敢一个人在高速公路上驾驶，后来在市区的短途驾驶也会让我感到恐惧，最后我彻底停止了驾驶，再也不敢碰方向盘了。”（卡特丽娜，驾驶恐惧症患者）

我们可以选择另一个大家熟知的疾病——哮喘来作比较。哮喘是支气管在接触过敏原的情况下发生痉挛的疾病[4]。哮喘病有多种症状，其发病程度不同。

- 间歇性哮喘，间断的发作周期，患者不发作时处于正常状态。
- 急性哮喘，旧名哮喘性不适，发病猛烈且持久，有时会危及生命。
- 慢性哮喘，症状持久存在，有时也会有急性发作期或支气管炎症。

我们可以看到，恐惧症和哮喘病的发病模式非常相似。

---

① 过敏反应是身体的激烈反应，是对于某种物质的过度敏感导致的。

某些特定或者“简单”恐惧症，比如动物恐惧症和恐高症，虽然发病猛烈，但是只会偶尔发作。这种恐惧症的严重程度与患者生活环境中接触恐惧源的频率呈正相关。对于一个西方人来说，对面包树[①]的过敏给他造成的困扰远远不及对蒲公英的过敏。同样，如果一个西方人对蛇有恐惧症，那么这对他造成的困扰也远远不及对飞机和地铁产生的恐惧。

另一种恐惧症的特点是重复、急性发作，也叫作惊恐发作。某些惊恐发作是可以预知的。我们知道什么情况可以引起惊恐发作，但也有不可预知的异常猛烈的惊恐发作。和急性哮喘发作不同的是，急性惊恐发作不会致死，却让我们在发病过程中经历濒死的体验。

还有一种被我们称作复杂性恐惧症的疾病，比如社交恐惧症或广场恐惧症。复杂性恐惧症往往和其他症状同时出现且症状更明显，就像支气管炎会在慢性哮喘急性发病期发病。这些症状可能是慢性焦虑，例如恐惧症患者整日生活在担心恐惧症发作中，或是社交恐惧症患者自尊受损、不停自贬。

我想对患者说的是，与其他生理疾病相比，恐惧症发作的责任不在自身，就像过敏和哮喘发作一样，我们并没有主动选择患病。我们深受其害，巴不得尽快治好。和大众甚至心理学领域的偏见相反，恐惧症患者不会从他们的疾病中感到满足或者享受。

恐惧症的初次发病和哮喘同样难以应付，但也不是完全无法应付或无法治愈的。和过敏症一样，如今我们对恐惧症的生理发病机制有了更多的了解。

---

① 常绿乔木，多生长在热带地区。——编者注

如何克制恐惧情绪

假设我在密林中行走，忽然看到落脚之处有一个形似毒蛇的物体。我会大惊失色地跳到一边。但我又仔细看了看，发现原来只是一根不会伤人的树枝。但如果它真的是条毒蛇，而我没跳开，恐怕就被咬了。我的恐惧保护了自己，代价就是虚假警报。然而警报的强度恰到好处，我没有因为害怕而落荒而逃。与一些简单的生物或我们的祖先相比，这已经是个不小的进步。

现在我们已经知道，人体中负责处理恐惧情绪的是我们大脑中很古老的一部分——大脑的边缘系统，也叫作情绪脑[5]。这也解释了为什么我们对恐惧的感知仍很不敏感，但遇到危险后反应速度很快。这也是为什么恐惧像其他情绪一样不受我们的控制，或者说至少它会不由自主地产生。我们无法阻止恐惧情绪的出现，但可以调节这种情绪。

在进化过程中，我们的大脑变得比简单的边缘系统更加复杂。新的大脑结构覆盖了以往的边缘系统，所以我们也把这部分大脑叫作新皮层。新皮层的存在让我们获得了解码和调节情绪的能力。这也是人类的进化比其他物种更成功的原因之一。我们的行为不仅仅由简单的刺激—反应模式支配，所以我们不会一旦受到惊吓就落荒而逃或原地不动。从理论上讲，我们有调节情绪的能力。所以在这种情况下，我们会首先产生恐惧反射并躲在一旁，但当我们发现没有真实的危险时，我们会改变想法，回到“案发现场”看一看让我们受到惊吓的元凶究竟为何物。

大自然为我们选择了循序渐进的演化模式。它并未简单地用新皮层代替边缘系统，而是将这一原始的情绪脑完整地保留了下来。一旦我们的生活方式发生倒退，这就为我们留下了生存的退路。

所以，大脑中负责情绪调节的部分处于进化过程中较晚出现的新皮层。而我们的恐惧反应其实是新皮层和边缘系统之间互通的结果，也是恐惧情绪被产生和调节的结果。产生恐惧有益于生存，调节恐惧情绪则有益于提高生活质量。

想象力、预期能力、象征能力、回想能力，这些都是我们的大脑在进化过程中较晚产生的能力，它们都能帮助我们在面对恐惧时更具灵活性。对恐惧最精确的定义是我们意识到危险存在时的反应。也就是说，即使危险真的存在，如果没意识到，我们也不会感到恐惧。但是如果真正的危险不存在，却产生了相应的意识，我们也会感到恐惧。

这就是问题所在。随着大脑的复杂化，我们的调节能力有所提高，但这也导致了调节失灵概率的增加。想象力会让我们害怕魂灵，预期能力会让我们提前产生无用的恐惧，或者对不会发生的事件产生恐惧。这也可以解释为什么恐惧有多种表达形式。

恐惧的不同面貌

和很多原始情绪一样，恐惧情绪也会导致很多其他情绪，比如忧虑、焦虑、惊慌或惊恐。很多理论学者认为，这些心理现象都应归属于恐惧，应该从恐惧的角度来理解它们。

忧虑就是一种预期恐惧。它是一种和期待或预感危险来临相关的情绪。焦虑是产生生理症状的忧虑。这两种情绪的特点是恐惧的对象并未真实存在且危险尚未到来时我们已经开始恐惧。

惊慌或惊恐属于表现强烈的恐惧情绪。即使危险并不存在，仅仅是提到或想到危险，这两种情绪就可能出现。它们的特点是对恐惧完全失控。

简而言之，恐惧这个词的背后隐藏着多种心理现象。但我们没有必要将它们过于细致地区分开来。这段虚构的简短对话就说明了这一点。

“我害怕死亡！”

“不，你不害怕死亡，你只是忧虑，因为你的恐惧是虚无的。你不会立即死亡。你还活着。”

“好吧，我不恐惧，我只是焦虑。”

“不好意思，你不是焦虑，只是忧虑，因为你的担忧还没让你产生生理症状。”

“我只知道我很恐惧……”

恐惧是所有担忧之源。我在本书中常用恐惧一词来描述多种心理现象，比如正常恐惧、病理性恐惧、预期性恐惧、回顾性恐惧、恐惧记忆以及强烈恐惧后的心理创伤等。

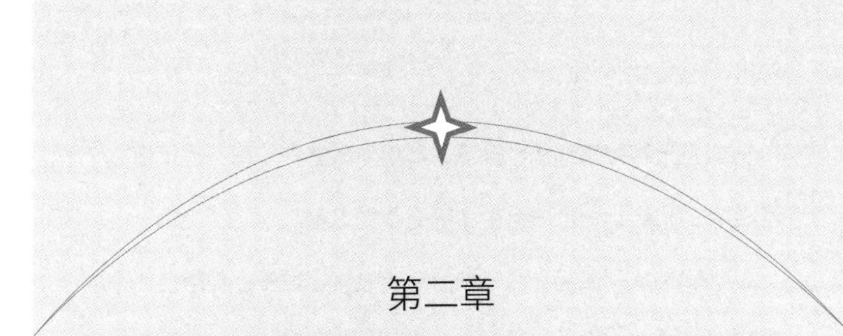

第二章

恐惧和恐惧症从何而来

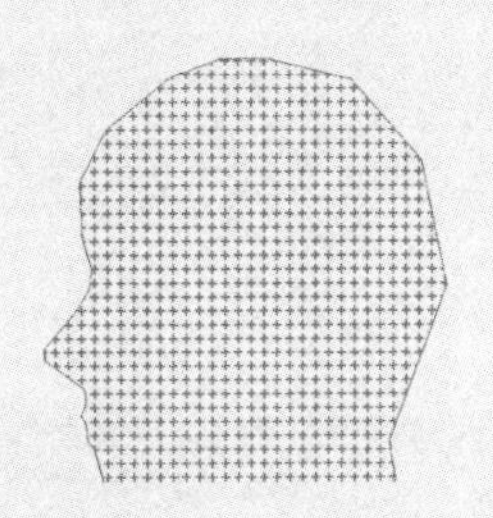

人类从远祖那里继承了恐惧，就像所有遗产一样，恐惧提高了我们生存的机会，但也成为生命不能承受之重。

从呱呱坠地那天起，我们就为恐惧做好了准备。但随之而来的就是加重恐惧的一系列因素，比如创伤、教育和文化。每种恐惧情绪背后都有一个故事。我们往往以为了解了这个故事，但事实不总是如此。

在故事的结尾，有些人更容易受到恐惧的伤害，比如一些女性。恐惧对女性的伤害是男性的两倍。女性要做的是用男性两倍的力量来控制这些恐惧。

“以庄严的修行袍为名……你的恐惧无缘无故。”

——弗朗索瓦·拉伯雷

巴尔纳贝的脸红问题已伴随了他很久。这个问题已经严重地影响了他的正常生活。

他是外省的一个企业主，听说我们在圣安娜的诊所有专门针对社交恐惧症的治疗后，他特意来到巴黎与我们见面。匿名治疗让他非常满意，由于羞耻感，当地的心理医生让他望而却步。

但他有能力将自己的心理问题很好地伪装起来。通过一种高傲冷漠的态度，他拒人于千里之外。他声音洪亮，喜欢用咄咄逼人的眼神直视对方，仿佛希望通过这样的方式让对方回避他的眼神，在对方发现他的浑身不自在之前，他先让对方感到不适。

巴尔纳贝患有一种严重的社交恐惧症——赤面恐惧症，也就是一种对脸红产生极端恐惧的病症。

不久以后，他很明确地告诉我，他做过十几年的精神分析治疗。在这期间，他对发病的原因做了详细的分析，但这没能改善他的病情。我让他描述分析结果。他说，他的一个叔叔过去做了很多通敌的事情，后来被枪决，全家人受他牵连，被怀疑和他串通，也因此名声败坏。于是全家人不得已举家搬迁到法国另一个大城市居住。他说：“我为全家人的耻辱付出了代价。赤面恐惧症背后藏着我对过去的耻辱感，我害怕别人发现这段不堪回首的历史。”问题是这些家谱图心理学的解释虽然有它们的逻辑，但对他的脸红症状完全起不到缓解的作用。最近几年，巴尔纳贝经历了两次严重的抑郁症发作，这也导致他酗酒越来越严重。每晚回到家，他都用酒精来“缓解白天社交带来的压力”。

他的恐惧症确实需要治疗才能缓解。我把他的名字写在了下一期小组治疗的等待名单上。我们有意将社交恐惧症患者放在一起进行小组治疗，这样做的原因有很多。首先，在治疗过程中我们可以将恐惧症患者小组和实习生聚在一起，因为很多社交恐惧都与过于注重他人的目光审视有关。其次，这样做可以让恐惧症患者互帮互助，减轻他们的孤独感。最后，这样做也有利于帮助他们意识到自己的某些想法其实不足为奇。

得知治疗小组中有其他两个社交恐惧症患者后，巴尔纳贝便迫不及待地希望尽快开始这一疗程。在此之前，他从未对人提起自己的心理问题，一直以为只有他一个人如此害怕脸红。

这一天终于到了。根据我们治疗小组的规定，每个患者都要做自我介绍。我故意让巴尔纳贝最后一个介绍自己。我害怕他洪亮的嗓音和自信的外表会让其他患者感到不适。除此之外，我还有一个很明确的目的。在其他两个赤面恐惧症患者自我介绍的时候，我偷偷观察巴尔纳贝的表情。我看到他的脸并未变红，而是变白了。那两个患者讲的完全是他的故事，但也不完全相同，他们的故事里没有通敌的叔叔，没有家族的耻辱，但他们都有无法控制、无法预料、过于频繁而解释不清的脸红问题，都在伪装、逃避、回避并恐惧问题……轮到巴尔纳贝自我介绍，他站了起来，激动地讲着自己的故事。他真诚而简单地介绍了自己以及他的恐惧症。在结束时他说："在我听到你们的自我介绍以前，我以为自己是全世界唯一一个被这个问题困扰的人。我的问题和家族的历史有关。但今天我明白了问题的背后一定还有其他的原因。"

小组治疗结束后，巴尔纳贝请小组的其他患者喝酒并与他们两个进行了一番长谈。他们二人都没有类似的家族屈辱史。然而，他们三人有很多相似之处：同样在青少年时期开始脸红，同样有回避和逃避行为，经历同样的痛苦和创伤，无论在谁面前、无论因为什么事件都有可能出现荒谬的脸红症状。他们都渐渐变得多疑：脸红被别人发现了吗，别人会不会对此评头论足？他们的经历十分相似。

然而，他们也都犯了同样的错误，那就是压抑自己的情绪，感到羞耻，伪装自己，因为害怕他人的评判而不敢展示自己，总把他人当作潜在入侵者，甚至提前出击疏远他人……这些错误把仅仅是有些不便的情绪问题变成了严重影响生活的心理疾病。和所谓的家庭屈辱史相比，这些错误才是导致巴尔纳贝患上恐惧症的真正元凶。

当然，家族史在一定程度上影响了巴尔纳贝的性格和生活，但对他的恐惧症影响甚小，或者有可能只是在其他致病因素的基础上起了推波助澜的作用。大部分赤面恐惧症的家里没有通敌的长辈，也不是所有通敌者的后代都会有社交恐惧症。

我为什么会恐惧

在精神治疗中，寻找病因极为困难。于是就有了这一信条："只要还没找到恐惧的根源，你就会继续受病痛折磨。"长久以来，心理治疗的主要目的是挖掘深藏在无意识里的病因。有时这么做有效果，但常常无法让人满意，或者会起反作用。在治疗多年以后，患者不停地挖掘病因，最终深陷心理治疗空洞[1]。知道我们为什么会得恐惧症自然不错，这有时也对患者有益，但有时却会适得其反，尤其是在将它作为唯一治疗手段的时候。坚持不懈地挖掘病因不应该代替日复一日地控制已经和病因断开已久的症状。这些症状已成为退化症状[2]和神经症的遗留症状[3]。

关于恐惧和恐惧症存在两个主要问题。

第一个问题往往是很少或者没有恐惧问题的人提出的：过度恐惧从何而来？是从童年而来吗？还是从无意识中而来？在本书有关恐惧症的治疗的另外一章里会讲到恐惧症的无意识象征，我们会看到这些有关恐惧症来源的假设虽然诱人，但其治疗效果十分有限。

第二个问题是由恐惧症患者提出的：怎样才能克服恐惧症？怎样与摧毁我们的生活、我们的自由甚至我们的尊严而又伴随终生的恐惧共存？

如果有个人患有多发性硬化症[①]，我们会为他提供治疗。我们不会花很多时间去研究他是如何患上这种疾病的。这样的病因研究应该由科研人员或者流行病学专家来完成。病因研究固然重要，但并不能替代病症治疗。但是，在心理学领域，我们长久以来都让患者相信：只要了解病症的起因，就能让病症彻底消失。这简直是错上加错。在通常情况下，知道病因并不足以治愈病症，希望通过一个深度挖掘病因的治疗方案让症状消失的想法是不现实的。

恐惧症和过度恐惧从何而来

“病因，用处不大……”精神分析专家雅克·拉康曾说。他算是说了一句明确可靠的话。长久以来，有关恐惧症的病因有过无数假说。如果真的想治疗恐惧症，最好对这些假说保持谨慎的态度。

传统角度上的强烈恐惧

长久以来，过度恐惧都是医生和作家熟知的心理问题，很多人都试图描述恐惧。人们常将恐惧的成因和年龄联系起来。在很长一段时间里，恐惧都

① 是一种中枢神经脱髓鞘疾病，病变比较弥散，症状和体征复杂，致病原因尚不明确。——编者注

被当作一种超自然现象，或者其他无法解释的现象。莎士比亚在《威尼斯商人》中通过夏洛克之口说道："有的人不爱看张开嘴的猪，有的人瞧见一只猫就要发脾气，还有人听见人家吹风笛的声音，就忍不住要小便；因为一个人的感情完全受着喜恶的支配，谁也做不了自己的主。"①

19 世纪以来，精神科医生开始寻找恐惧症的医学原因，例如神经兴奋、身体机能或人格衰退，又如性格软弱、过度自慰，等等。20 世纪以来，弗洛伊德的精神分析学说使恐惧症成为无意义冲突和人体自我保护机制的产物。心理分析师认为，恐惧神经症或者焦虑歇斯底里症[4]可以由性欲方面的冲突得到解释。为了不直面恐惧，恐惧症患者选择抑制无意识的冲突。通过抑制这种自我保护机制，把情绪（焦虑）和表征（冲突）区分开；接下来还会利用两种自我保护机制来解释恐惧症——转移和投射，也就是将焦虑转移到主体以外的物体上。这样一来，无处不在的内部冲突就转移到了外部恐惧上，而后者较容易回避。恐惧症只是症状，只要内部冲突没有解决，恐惧症就无法根治。

然而，现在的问题是，无论精神分析还是人格分析都无法提出有效的治疗方案。

吉里诺医生是巴黎 19 世纪末期的一个神经心理学家[5]。他提出："针对这种心理性神经症，我们不该忽视一种强大的补充疗法——人格疗法。这样，在治疗恐惧症的同时，我们也可以帮患者排除导致恐惧症发病的环境因

① 莎士比亚 . 威尼斯商人［M］. 朱生豪，译 . 北京：人民文学出版社，2016.

素，向他们说明恐惧是空想的产物（至少他们能够认识到的那部分恐惧是这样的）；在对他们的恐惧心理表示理解的同时，帮助他们利用坚强的意志力走出来，战胜自己的弱点。在治疗之前，我们应该在他们清醒的时候，让他们重新找到自己积极的一面。这样，在他们重新找回自信和干劲的时候，所有痛苦都会在药物的帮助下烟消云散。”我们可以看出，吉里诺对恐惧症的症状和发病机制做出了准确的描述，但他仍认为只要意志坚定就能克服恐惧，这表明他对恐惧症仍有明显的偏见，认为是软弱和性格缺陷导致了疾病的发生。

他很快又指出利用精神分析治疗恐惧症的诸多困难：“上述种种原因都能说明为什么恐惧症的治疗如此不易，因为恐惧症并不是内心冲突的外在表达，而是自恋人格和自我组成的崩塌。因此恐惧症患者不得不求助于人体很原始的一些功能，在这个过程中，他们能缓解冲动的恶意，从而重建那个曾经被抑制的完整人格。所有精神分析师都会面对患者深陷恐惧无法自拔的困难处境……”[6]

因此，我们迫切需要找到另一个解释恐惧症的途径。

强烈恐惧的当代解释

近几年，我们在恐惧症领域取得了重大的进展。现在，我们对恐惧症的理解也许不如以前那么富有诗意，但更科学，也更贴合实际。最重要的是我们可以找到有效治疗恐惧症的方案。

我们认为，病理性恐惧或恐惧症是在生理因素和环境因素的双重影响下形成的。生理因素是先天遗传而来的（包括家族遗传和物种遗传），而环境因素是后天获得的（个人生活经历）。不同的恐惧症中两种因素的影响程度不同。对水、高空或动物的恐惧受先天因素影响较多，而目睹车祸现场导致的驾驶恐惧症则受后天因素影响较多。

但在更多情况下，强烈恐惧是两方面因素互相作用的结果。先天影响并不能决定一切[7]。某种基因的存在并不能预测某种行为的产生。这是因为没有任何一个单独的基因能够遗传恐惧，这往往是多个基因组合的结果（多基因机制）。再者，基因的外显率也有所不同，也就是说，同一个基因在每个人身上的外显程度不同。最后，通过基因遗传的可能只是一种负面情绪的趋势，也就是更易感受到恐惧或忧伤[8]等病态情绪的趋势。这些趋势在环境的作用下可能显现也可能不显现，基因往往只能做出提议，提议的执行或不执行要交给生活中的未知事项来决定。

以糖尿病为例。因纽特人保持了古老的生活方式，他们每天运动规律，饮食少糖多鱼，非常健康。而美国的贫困阶层每天坐在沙发上看电视的时间很长，吃的也大多是高油、高糖的垃圾食品[9]。前者的糖尿病基因很可能不会显现，而后者会。

恐惧很可能也是如此。一个性格敏感的孩子可能有两种完全不同的发展轨迹。生活环境可能让他的处境恶化，比如过早的焦虑体验或教育不当；但一种安全但并无过度保护的生活环境、一种帮他面对恐惧及缓解情绪反应的教育，能起到修复和准备的作用。

这里要注意的是，基因并不是决定我们脑结构和焦虑倾向的唯一因素。儿童时期的经历也会有同样的作用。我们已经通过动物实验证实这点：被剥夺母爱或在人工环境中长大的小老鼠成年后更容易恐惧和焦虑。我们也强烈怀疑人类的胎儿在子宫内会受到母亲情绪的影响[10]。我们的经历会在大脑中留下印记，但这种神经可塑性并不是不可逆的。我们会看到，在有效的心理治疗中，患者做出的努力可以反过来塑造恐惧症的生理条件。

儿童的恐惧

像所有人一样，你在童年时期可能也怕黑，害怕狼或躲在床底的怪兽，害怕离开母亲，害怕从高处跳水，等等。儿童有很多恐惧，这我们都清楚。这是正常的。儿童很脆弱，恐惧对他们是有益的。恐惧代表了一种自我保护的本能反应，在潜在的危险面前，恐惧是宝贵且必要的。

每个孩子在成长过程中都经历过过度恐惧，家庭教育和社会生活会让他们慢慢克服这些恐惧。这些恐惧的出现绝非偶然。恐高和对陌生人的恐惧往往伴随着运动能力的发展而出现[11]。在空中约 1 米处放置一个玻璃板，把一个 6 个月[①] 以下的孩子放在上面，他不会表现出任何害怕的情绪，恐惧情绪要等他长大一些才会出现。只有在孩子“需要”恐惧的时候，恐惧才会出现，其作用是让他们不要冒险。接下来，家长的教育会帮助他们克服、调节

① 此处原书为 8 个月，但现存资料大多显示为 6 个月，原书疑有误。——编者注

恐惧情绪。这样，恐高症只有在高空或者在没有扶手的情况下才会被触发，对陌生人的恐惧只有在家人不在身旁时会被触发等。

关于儿童恐惧的有益之处，有一个很有意思的研究。研究结果证明，不恐高的孩子比其他孩子更容易受伤[12]。相反，儿童时期恐高情绪较少的人在青春期和成年后更容易在体育方面取得优异的成绩[13]。

大部分儿童时期的恐惧会随着时间的流逝慢慢消失，但有些也会发展成过度恐惧，甚至恐惧症。这也是为什么如今我们倾向于不再把所有的儿童恐惧都当作良性的、会逐渐消失的恐惧。事实上，23% 的儿童恐惧背后隐藏着焦虑疾病，需要尽早治疗[14]。事实并不如我们所料——家长往往会低估孩子的恐惧，无论昼间恐惧还是夜间恐惧[15]，比如以噩梦形式出现的恐惧[16]。

我们需要提醒自己，在通常情况下，恐惧症出现的时间能够提示我们它是以先天因素为主还是以后天因素为主。在没有重大创伤的前提下，恐惧症的出现时间越早，以先天因素为主的可能性越大。第一次恐血症或者采血恐惧症往往出现在 8 岁到 14 岁。我们认为，在这种情况下，先天因素起了很大的作用。相反，驾驶恐惧症一般出现在 26 岁到 32 岁，症状的出现往往与经历的某些事件有关，例如驾车肇事、目睹他人遭遇交通事故，或者曾经是车祸的受害者，等等[17]。

恐惧是人类遗产的一部分

恐惧症领域的著名精神科专家——英国学者伊萨克·马克斯（Isaac Marks）先生讲过一个有趣的案例：他的一个患者在开车的同时看蛇的照片（真是个奇怪的主意……），结果发生了车祸。那么在发生车祸之后他会得什么恐惧症呢？驾驶恐惧症吗？不，他会得蛇类恐惧症[18]。如果可以选择恐惧对象，我们似乎更容易得更“天然”、更原始的恐惧症，这大概就是集体无意识的力量吧……

救命的恐惧

对于人类这个物种，进化论心理学家们曾经做出这样的假设：恐惧症的存在和延续受物竞天择原理的影响。大部分恐惧症刺激都是曾经对我们祖先的生存产生威胁的事物，如动物、黑暗、高处、水……

而在如今我们生活的现代高科技环境中，大自然已经在很大程度上被我们驯服了，危险的动物被我们装进了笼子，高处安上了扶手，曾经危险的事物如今已经不足为惧。但在生理性的集体潜意识中，我们仿佛仍然保有相关记忆。

所以那些曾经帮助我们规避危险、提高生存概率[19]的强烈恐惧仍存在于我们这个物种的“基因池”中。我们把这种恐惧叫作准备性恐惧（通过进化准备）、前科技时代恐惧或者基因作用恐惧（与特定物种相关）。

这些天然恐惧能够很容易地在很多人身上被激活，并且一旦出现就很难消失。相反，对飞行、驾驶或武器的恐惧症则被称为非准备性恐惧症、高科技时代恐惧症或非基因作用恐惧症（与个人发展相关）。这种恐惧症往往是在创伤性体验后产生的，稳定性较差。

恐惧症是物种遗产：从假说到证据

通过实验证实有关恐惧症进化论假说并非易事，但专为人类和动物设计的一些研究似乎能够确认这类研究的相关性。

一个物种进化的程度越低，先天恐惧反射的影响越大。刚破壳而出的鸭雏只要瞥见老鹰就会立刻僵住。其实这种遇到危险就呆住不动的恐惧反应涉及所有物种，其中也包括人类。原因很简单：捕食动物的视力对动作非常敏感。西班牙斗牛士也正是利用了这个原理，在不停摆动红绒布吸引公牛的注意力的同时原地不动，直到将公牛的力气消耗殆尽。

现在让我们回到恐惧症的话题上来。很多恐惧症是天生就有的。老鼠即使从没见过猫，也会怕猫。进化程度较高的动物，比如灵长类动物，感受恐惧的能力日常则处在休眠状态，只有在特殊情况下才会被激活。这种机制的好处在于，当身体条件一切正常时，我们可以避免产生不必要的恐惧[20]。例如，在实验室中长大的猴子面对蛇的时候不会表现出任何恐惧情绪，只有让它们和在自然环境中生长的野生猴子进行接触后，它们才会对蛇产生恐惧情绪。这是因为实验室的猴子看到了野生猴子怎么也不肯接近放在蛇旁边的食物，它们由此也变得非常惧怕蛇这种动物。

但这种通过社会学习产生恐惧的现象并不适用于所有事物。我们通过给实验室的年幼猴子播放成年猴子被蛇吓到的视频让它们学会了对蛇产生恐惧。但如果我们通过剪辑视频，用一朵花代替蛇，年幼的猴子即使看到同类被花吓到也不会产生对花的恐惧。因此，我们从未遇见对拖鞋或牙刷产生恐惧的患者。潜在危险的概念即使微乎其微，也是造成恐惧症的必要条件。

同类实验也曾以人类作为对象进行。例如，我们向志愿者展示一系列图片，有些图片上有蜘蛛或者蛇等很多人害怕的动物，有些图片上有花朵、蘑菇[21]等一般不会让人产生恐惧的物体。在观看图片的同时，志愿者在知情的条件下随机接受轻微的电击或听到一个中性的、不会令人不快的声音。实验结束后，我们让他们回想看过的图片，几乎所有人都认为在看蛇或蜘蛛的图片时遭到的电击更多。而事实上，伴随花朵和蘑菇图片的电击次数与之完全相同。这说明我们会无意识地将不适的感受和某些事物联系在一起。这些被当作潜在危险的事物储存在我们物种的集体记忆中，而这也成为病理性恐惧的发病机制。

人类需要恐惧症

生物界有生物多样性，我们人类也有心理多样性。

在漫长的人类进化史中，如果某个器官或某个功能变得多余，它们多半会逐渐消失。和祖先相比，自从发明了衣物和取暖手段，我们身上的毛发就越来越少。我们的臼齿也有所减少，比如智齿就在慢慢消失。我们的牙床骨逐渐缩小，因为我们的饮食以熟食和软食为主，不再需要用力咀嚼坚硬的食物。自从不再悬挂在树枝上，我们的“尾巴”也消失了，只剩下一段小小的尾骨……

但是，我们天生的恐惧仍然存在。进化论心理学家们认为，恐惧之所以能长久存在，是因为人类“未雨绸缪”的特质。为什么要保留害怕蛇的基因呢？因为随着气候变迁，也许毒蛇未来会遍布地球，恐蛇症患者利用他们敏感度超高的探测系统，可以大大提高自己的生存概率。这时反而轮到蛇类恐惧症患者召开“如何在草丛中发现毒蛇”的研讨会。这就是为什么我们的生理记忆中保存了对蛇的恐惧。所以，如果你是蛇类恐惧症患者，你应该感到庆幸，一旦恐惧症痊愈，你就可以恢复正常生活，并轻松应对所有的生活模式……

我们甚至可以进一步假设：我们知道我们需要恐惧，因为恐惧在将来的某天可能对我们有用。在日常生活中，我们时不时会给自己打一打恐惧的“预防针”，比如去看一场恐怖电影，坐一坐过山车，玩一场鬼屋或蹦极游戏……这种假设也能解释为什么儿童喜欢玩吓唬自己的游戏。我记得有一次和两个女儿去看儿童电影。电影的名字我已经不记得了，但有些吓人的情节却让我记忆犹新。我的小女儿非常害怕，为了缓解恐惧，她不停地评价电影情节：“哇！你看到了吗？ 天啊，他该怎么做？我可不想和他换位……”我也用同样的语气回应她，以此陪她一起面对恐惧。这时，她的姐姐生气地回过头来，命令我们停止闲聊：“安静点儿！你们打扰我害怕了！”

我很乐意对患者讲这些进化论的假说。对他们来说，知道自己不该对恐惧症感到愧疚是很重要的。我们不过是人类这个物种的心理多样性的代表人。但也应该注意，这样做减轻的是愧疚感，而不是责任感。我们还是应该负起努力减轻病症的责任。

在恐惧症面前我们并不平等：易感体质

前文讲过的研究都与通过物种基因遗传的恐惧症有关。有些研究也指出了通过个人基因遗传的恐惧症有存在的可能性。

这类研究一般在双胞胎身上进行[22]。基因研究专家之所以对双胞胎感兴趣，是因为他们假定双胞胎受到的教育是大致相同的，但他们不一定有同样的基因。同卵双胞胎有相同的基因，异卵双胞胎的基因则不同。如果一种性格特质（恐惧）或心理障碍（恐惧症）在同卵双胞胎身上出现的可能性比在异卵双胞胎身上出现的可能性更大，那么我们可以认为恐惧症是和基因因素有关的。

有关双胞胎社交恐惧症的研究似乎证明了某个基因在这种疾病中的重要作用。在惊恐发作障碍中，我们也曾发现基因遗传的案例。一个以 2163 对双胞胎为样本的研究似乎指出某些特殊恐惧症（例如动物恐惧症）存在基因遗传倾向。但我们也曾指出，恐惧症的遗传模式还不明确。是单基因不完全显性遗传还是多基因遗传？遗传的究竟是恐惧症本身还是焦虑易感条件？这些问题还没有明确的答案。

无论如何，我们可以明确地知道，环境因素对于抑制或激活恐惧表达起决定性的作用。基因学说会让某些家长感到自责：“是我把恐惧基因遗传给了我的孩子。”幸运的是，基因领域的发现和预防治疗的研究在同步发展。恐惧症痊愈的家长更容易发现自己孩子的潜在弱点，从而更好地帮助他或者为他寻求更恰当的帮助[23]。

某些人是否更脆弱

在哺乳动物中，某些个体似乎比其他个体更容易受惊。动物学家曾经证明，在一群加勒比猴中，20%的猴子更容易恐惧[24]。科研人员也成立了一个专门研究易受惊动物的实验室，老鼠就是其中一种研究对象[25]。这些动物不仅展示了天生的恐惧，也对人工造成的恐惧十分敏感，例如，通过电击或噪声能让它们学会对某种事物恐惧。它们也需花更多的时间降低对某种恐惧的敏感性。这类数据在人类这个物种上会有怎样的结果呢？

面对新鲜事物时的抑制人格

有些科研人员认为有一类人可能会过早患上恐惧症。杰罗姆·凯根是哈佛大学的科研人员，他发现欧洲裔中有10%的儿童都有脆弱的人格，他们更容易在面对从未经历的情况时感到恐惧。这种特质甚至在他们只有一个月大时就能检测出来[26]。当我们在这些婴儿面前设置一个他们不常见的刺激，例如宠物狗口罩、陌生人、突然的声响或体积很大的机器人玩具时，我们能在他们的反应中看到一种焦虑抑制的行为。不敏感的婴儿则会在表现出一定的谨慎态度后试图接近这些物或人。

我们观察到的趋势是很稳定的：在 21 个月大时易受惊的儿童中，3/4 到了 7 岁仍是如此；相反，3/4 不易受惊的儿童到了 7 岁也没有变得更容易受惊。这些长期进行的研究证明，在新鲜事物面前抑制焦虑的儿童更容易患上社交恐惧症或惊恐发作障碍，因为他们在面对儿童和青少年时期各种令人不快或无法控制的事件时表现得更加脆弱[27]。

高敏感性格和高情绪化性格是否使恐惧症更加易感

一位患者曾经对我说：“我认为我患上恐惧症绝非偶然。我在各个方面都超级情绪化，其中也包括恐惧。每次观看感人的电影、听伤心的音乐，我定会泪流满面。我不喜欢噪声，闻到烟草的味道就会头疼……我不是任性，我做过很多努力想要掩饰或改善我的缺点，但我的身体就是做不到。最后我不得不承认，与其奋力挣扎不如顺其自然。至于我的恐惧症，我觉得只是我的情绪问题的一方面。”

美国心理学家伊莱恩·阿伦[28]认为，很大一部分人（大约 20%）的感官饱和的阈值低于平均水平。每个人都有可能被环境“刺激”，只是程度不同而已。有的人很快就能感到刺激。高敏感度人群在受到环境过度刺激时会非常痛苦，无论是机械刺激（噪声或味道）、人际关系刺激（质询或评论）还是情绪刺激（天气、暴力电影）都是如此。这种高敏感特质也体现在恐惧上。如果他们觉得自己是容易受惊的人，那并非因为胆小，只是因为他们无法面对过度的恐惧情绪。一项研究显示，在某地负责接触爆炸设施的英国军人中，能拿到奖章的人，也就是在战场上勇气可嘉的人，总是那些在压力环境下心跳最慢的人[29]。

这些假说虽然还没有得到证实，但一旦被证实，就会说明高敏感度人群是恐惧症发病的“最佳”候选人，因为他们最容易被恐惧带来的情绪冲击。

恐惧不耐受：对恐惧的恐惧

“只要我感受到恐惧的出现，我就会感到惊恐，很快我就会预感事情会越来越糟。我能感到这种担忧逐渐膨胀，就像加热的牛奶一样，最终完全溢出，使我无法控制。我害怕感到恐惧，但我又能感到这种对恐惧的害怕就是火上浇油，最终会导致崩溃。理智也无法阻止恐惧的产生。我仍会害怕死亡，害怕精神失控，害怕做出不理智的行为，比如站在地铁站的站台上时跳向迎面开来的地铁……”

很多恐惧症患者都知道“对恐惧的恐惧”这种现象。认知科学家把这种害怕感到焦虑而提前出现恐惧症状的现象叫作焦虑性敏感（anxiety sensitivity）。这种现象常出现在多种恐惧症中[30]。研究此现象时使用的调查问卷中有这样的描述：“当我感到心跳加快时，我会害怕自己犯了心脏病。”

最初无足轻重的恐惧情绪会在焦虑性敏感人群中迅速增强，最终甚至能够引发惊恐发作。通过对此类人群长达 3 个月的跟踪观察，我们发现，他们的恐惧症发作概率比常人高出5倍[31]。因此，在治疗恐惧症时，我们通常都会做出针对焦虑性敏感的治疗。

恐惧和恐惧症的学习

“我们会很自然地把一些人的奇怪习惯和他们在童年时期经历的创伤联系在一起，比如不喜欢闻玫瑰花味道的人可能是因为在童年时期这种味道会让他头痛，害怕猫的人可能曾被抓伤，即使他们完全不记得这些经历，但由此引发的习惯可能会在大脑里留下深深的印记并保持终生”[32]。

很久以前，细心观察人类天性的人就发现了创伤性事件的影响。例如，笛卡儿在《论灵魂的激情》一书中表示，我们普遍认为生活中的某些经历确实会让我们“学会”恐惧。以下4种学习特别容易让我们学会强烈恐惧[33]。

- 创伤经历：直接面对威胁或危险，并对此留下了无法磨灭的记忆（被侵犯、遭遇车祸）。
- 糟糕且重复的经历：重复且持久地经受微小创伤，并无法反抗（羞辱、不安全感）。
- 基于榜样模仿的社会性学习：看到其他人，通常是父母，表现出强烈的恐惧。
- 警惕性信息：受到“对某种危险事物一定要多加小心”的教育。

创伤经历："这让我一生难忘"

一切让人吃惊、害怕的事件都有可能造成长久持续的恐惧，甚至引起恐惧症。有几项研究已经证明，创伤性记忆会造成过度恐惧，例如车祸后的驾驶恐惧症、牙齿手术后的牙医恐惧症、被狗咬伤后的恐犬症等。我们也发现，在 176 个恐惧症患者中，有 20% 的人有窒息经历（溺水或者塑料袋套头产生的儿童窒息）[34]。但是据我所知，目前还没有关于脐带绕颈或者其他母胎中创伤造成恐惧症的研究。常常有人以此解释频发的强烈恐惧："我的母亲告诉我，我的幽闭恐惧症是由此而来的。"这种情况是完全有可能的。我们的身体记忆独立于意识和语言记忆，可以保留被遗忘的或者被隐藏的相关记忆。这也可以用来解释一些强烈恐惧造成的窒息感。

瑞士医生爱德华·克拉帕雷德可能是第一个在 20 世纪初期描述无意识恐惧记忆的人[35]。他的一个脑创伤患者出现了失忆症，每次就诊时都认不出克拉帕雷德。这位医生不得不每次都做自我介绍并和患者握手。一天，克拉帕雷德在手中藏了个图钉，于是患者的手被扎了。第二天，患者还是没认出她的医生，也不记得他的名字。她虽然不知所以，但拒绝和医生握手。她由脑杏仁核负责的"身体记忆"并没有忘记被扎的经历。

这种现象在受过创伤的患者身上很常见。我的一个患者几年前遭到过侵犯。有一天，她在乘坐地铁时突然惊恐发作。但是她被侵犯的地点并不在地铁里，而是在她的家里。在诊疗过程中她突然想起，惊恐发作的原因原来是她闻到了与侵犯她的人身上须后水味道相同的气味。

这种现象不需要进行有意识的治疗。我们发现这种现象即使在患者被麻醉的状态下也存在[36]，但是相关研究还很有限。而且我们需要小心的是，有关身体意识的理论也存在一定的风险，容易被一些别有用心的人利用而导致无效的治疗。真正不道德的其实是滥用治疗手段的心理治疗师。用心理学家雅克·范里拉尔的话说，在这个治疗领域，没有创伤的事件比此类事件导致的创伤更常见……

让我们再回到过度恐惧和创伤这个话题上来。个人敏感度和生活经历之间到底有什么关系？这个问题我们仍然无法准确回答。是什么使生活中的困难经历变成我们记忆中的创伤？当一个社交恐惧症患者告诉我们，他的心理问题是在被老师叫到黑板前面当众羞辱时产生的，我们该得出怎样的结论？是这一事件导致了恐惧症的产生吗？或者这一事件仅仅表明了患者的脆弱和易感性？当一个患者对我们说："我 3 岁时，我的姐姐把我在壁橱里关了一个下午。"几年后，他会说："从此以后，我再也不信任对我发号施令的人了"或者"从此以后，我再也不能忍受别人把我关在一个狭小的空间里了……"

最后，我们也应该提醒自己，在很多情况下，对蜘蛛、蛇、水的恐惧症，即使没有创伤记忆也有可能产生。强烈而只发生一次的恐惧症和温和但重复出现的恐惧症都是如此。因此，我们可以认为，恐惧可能是生理性的，也可能是后天习得的。

糟糕且重复的经历："最后我受不了了"

让娜，35 岁，是一名护士，有蜘蛛恐惧症。她清楚地记得那个 9 岁时在乡下度过的下午。她的父母刚刚买了一幢老房子。吃早饭时，她感到很痒，把手伸到颈后，忽然发现手上有一只巨大的黑蜘蛛。她吓了一跳，尖叫起来，这是第一次恐惧。接下来，她回到自己的房间躺在床上读书，在枕头上又发现一只蜘蛛。后来洗澡的时候又发现一只。她说："这时我受不了了。我感觉随时随地都会有蜘蛛出现，我爸爸也不能把它们清除干净。从此，我再也不想踏进这座房子。每次我父母去的时候都只能把我留给祖母照看。"

有时，患上恐惧症不需要经历多么强烈的冲击。令人不快的事件重复发生也能导致恐惧的出现。例如，被关在笼子里经常遭到轻微电击的小动物，见到笼子就会不由自主地发抖，仅遭到一次强烈电击的小动物反而不会如此恐惧[37]。某些社交恐惧症很可能由此产生，尤其是对易感人群而言。他们在社交活动中长期处于轻微紧张状态。很多社交恐惧症患者都提到他们童年时被边缘化的经历、被同伴欺负的经历，或者时常被家长批评的经历。

重复发生轻微创伤时，如果我们无法控制，恐惧就有可能加深。有的人在经历几次剧烈颠簸的航班后产生了飞行恐惧症，因为颠簸造成了强烈的恐惧情绪。当我们身在高空时什么都做不了，也不可能在飞行途中要求下飞机。这种在面对某种事物时的无力感和恐惧混合在一起，就变成了"定时炸弹"。面对让人害怕的事物时，控制情况的能力强的人在遭受重复性创伤后恐惧会减少，我们把这种现象叫作适应；而有的人的恐惧会加强，我们把这种现象叫敏感度提高。我们后面在讲恐惧症的治疗方法时会提到，要想克服恐惧，就要重复不断地面对让我们产生恐惧的事物，但也不能毫无准备地面对！

榜样模仿："妈妈，你害怕狗吗"

贝阿特丽丝，28 岁，是一名护士。她和她的妈妈一样有恐犬症，她妈妈还有马恐惧症。"我小时候有一次和妈妈去乡下度假。当我们走过一幢房子的时候，一条大狗忽然袭击了我们。妈妈把我紧紧地抱在怀里。她吓坏了，不停地哭着、喊着。她浑身发抖，不停呼救。狗就在我们面前狂吠，还露出尖牙想要咬我们。我以为我们会在这里被撕碎。如果连我妈妈都这么害怕，那说明这条狗一定非常凶狠。后来狗主人终于来了，虽然我们没有被狗咬，但我们瑟瑟发抖，久久不能平息。自那之后好几个星期，每天晚上我都做噩梦……这个场景在我的记忆中存在了很长时间。"

观察榜样，尤其是父母这样的榜样，在恐惧和担忧的传递中起着重要的作用。一项以 22 个患有蜘蛛恐惧症的女孩为样本的研究证明，和没有蜘蛛恐惧症的母亲相比，有蜘蛛恐惧症的母亲，其女儿得同种病的可能性会大幅增加[38]。在这种情况下，母亲的影响非常重要。我们甚至可以通过母亲的恐惧来推断婴儿的恐惧。母亲的恐惧表现得越明显，婴儿获得同样恐惧的可能性就越大[39]。

那么，我们是否应该在孩子面前掩饰自己的恐惧呢？千万不能！如果你是恐惧症父母，这样做是没用的。孩子能看到一切，即使他们不懂，但也能感受到大人的恐惧。掩饰并不是明智的做法。孩子观察或者猜测到你的恐惧时，出于对家长的信任，他们也会对危险的存在深信不疑。另外，这么做的另一个问题是，我们向孩子传递的信息是，我们应该为恐惧感到羞耻。所以你不应该在孩子面前掩饰恐惧，而应该向他解释："这很荒唐，但是没办法，我就是害怕……其实根本就没什么可怕的。"

警惕性信息："小心大灰狼"

不管是有意识的还是无意识的警惕性信息，都能造成过度恐惧。这在个人和家庭领域都有体现。给 7 ~ 9 岁的儿童讲虚构的怪兽故事可能会引起显著的担忧[40]。大人讲比孩子讲的效果更明显[41]。而且孩子的担忧可能会持续很长一段时间。所以，在讲关于怪兽或者吸血鬼这类故事时，一定要注意，它们对孩子的影响比我们想象的要大。在讲这类故事的时候，我们要提出面对这些危险生物的方法。最好不要利用恐惧来让孩子服从我们的命令，如"别去地窖，地窖里面的大灰狼会吃掉你……"

不是只有野兽故事才会制造恐惧，在一个针对 60 多个 6 ~ 9 岁英国儿童的研究项目中，所有儿童被分成两组。其中一组得到的信息是，袋鼠这种在英国不常见的动物"又脏，又坏，又危险，它们昼伏夜出，用长长的牙齿攻击其他动物，还会吸它们的血，发出恐怖的叫声，在澳大利亚没有人喜欢它们"。另外一组儿童得到的信息正好相反："袋鼠是非常友善的小动物。它们喜欢和孩子们玩耍。它们吃水果和树叶，我们可以用手喂它们吃。它们不会咬人。在澳大利亚，人人都喜欢袋鼠。"接下来，研究人员让这两组儿童都看袋鼠的图片，还在一个盒子上写了袋鼠这个词，并在盒子上打了个洞，从洞中可以看到类似袋鼠的皮毛。结果不出所料，得到负面信息的儿童一想到有一天会见到袋鼠就感到担忧，而且迟迟不想靠近盒子[42]……

还有一个更广泛的现象，某些恐惧明显是由文化和集体传递的。不然我们怎么解释20世纪的欧洲儿童的生活中已经没有狼的存在，他们却仍然害怕狼呢？这就是童话传说，而不是真正的狼在起作用了。从传统意义上来讲，童话故事的功能本来就是让儿童产生有益的恐惧。在古代，把妖魔鬼怪的故事作为“教育手段”是很正常的[43]。

为什么女性恐惧症患者比男性恐惧症患者更多

流行病研究得出了一致的结论：在全球范围内，女性的恐惧症发病率非常高，约为男性的2倍。这样显著的差距可能是由多种因素造成的[44]，我们在前文也已提及。

有些进化心理学学者[45]认为，这是因为两性的基因不同。在自然选择的过程中，得了恐惧症的男性处于非常不利的地位，他们难以吸引女性，因此无法繁衍子孙后代、延续基因。但得了恐惧症的女性的魅力并不会因此而打折扣……在原始的采集狩猎社会，动物恐惧症可能会对男性造成很大困扰，因为他们必须寻找食物和新的资源。这时，强烈的恐惧情绪会对他们的生活产生很多不便。而女性主要负责采集野果和看护儿童，所以恐惧症带来的影响并不大，反而有益。但这些只是心理学假说，尚未被证实。

还有一些研究人员认为，情绪障碍在女性群体中通常发病率较高，比如抑郁症在女性中的发病率约为男性的 2 倍。这和女性较高的情绪能力有关，但这种能力也更脆弱，更容易失灵。男性的心理问题主要是成瘾症或暴力行为的问题。

但令人感到奇怪的是，女婴的情绪往往比男婴更稳定[46]。只有到了 2 岁的时候，由于受到外界环境刺激的影响，这种趋势才会反转。因为从这个年龄段开始，家人会期待女孩更加“柔弱”。这时，家长开始根据文化中的性格刻板印象教育孩子：男孩不能害怕，不能展示出恐惧情绪，而女孩则相反，我们甚至鼓励女孩表达恐惧情绪。如果我们在多个场景中把儿童的照片展示给成年人，他们更容易在女孩的照片中看到恐惧，在男孩的照片中看到愤怒[47]。

我们还知道，和女孩相比，我们更倾向于要求男孩克服恐惧。在与害羞儿童相关的研究中，我们发现女孩的社交恐惧比男孩更容易被接受。家长更容易接受一个内向腼腆的女儿，而内向腼腆的儿子会使家长感到担忧[48]。

如果我们认为在性别平等方面的社会进步已经消除了关于恐惧的刻板印象，那我们就大错特错了。改变习俗往往需要几代人的努力。不信你可以想想动画片里容易恐惧的角色。比如，一个看见老鼠就吓得站在椅子上不敢下来的、不停呼救的角色是男性还是女性？

社会影响并不是唯一的决定因素。我们也想知道男孩是不是母亲的偏爱对象。有的研究显示，男孩和母亲的情绪同步好于女孩。与女婴相比，母亲的表情能更好地回应男婴的情绪[49]。在照料婴儿时，母亲和男婴的眼神互动多于女婴。这也有可能帮助男孩学会更好地控制和调节恐惧情绪。

另外，女孩学习情绪的能力更强，也包括恐惧情绪。她们更善于社交，也善于通过非常短暂的面部表情解读情绪[50]。因此，与男孩相比，她们对父母的恐惧情绪更敏感。这也意味着女孩学习恐惧的能力更强。

种种研究并不能让我们确定先天和后天因素及性别差异在恐惧中究竟扮演什么角色，但我们知道有些女性比男性更能展示勇敢的一面，例如儿童电视剧《长袜子皮皮》中的主角——勇敢的瑞典小女孩皮皮[51]。也许社会的变革会使更多女性不再对恐惧如此敏感，我们拭目以待。

但在这之前，有的学者已经开始研究恐惧症是否与社会中男性和女性的价值观相关。很多社会心理学家认为，某些社会更倾向于男性价值观，某些社会更倾向于女性价值观（见表 2-1）。长久以来，心理学家都相信以男性价值观为主导的社会更容易出现严重影响自主生活能力的广场恐惧症[52]。在男性和女性受到同一种生理影响的前提下，如果一个社会要求女性闭门不出，并让她们认为自己天性胆小，那将产生更多广场恐惧症的女性患者。

关于不同文化中的性别价值观与恐惧症的关系，有一项很有意思的研究。这项研究证明了男性价值观越强的社会，广场恐惧症的发病率越高。相反，女性价值观越强的社会，此病的发病率越低[53]。一个涵盖不同国家（法国没有参加）5491 个人的调查显示，日本作为提倡男子气概的冠军，也是广场恐惧症发病率最高的国家。瑞典则摘得了女性气质方面的桂冠，而其广场恐惧症发病率恰恰最低。

表 2-1　文化的性别特质是否影响恐惧症的发病率

男性化社会的特征	女性化社会的特征
性别角色有明显区别：女性应该对人际关系更感兴趣；在家庭环境中，父亲处理理性事实，母亲处理感性情绪；女孩爱哭，男孩不爱哭……	性别差异不大：男性和女性都关注人际关系；在家庭环境中，男性也可以负责感性情绪；男孩也可以爱哭……
社会主流价值观：成功和物质进步	社会主流价值观：尊重他人和个人发展
男孩的榜样是父亲，女孩的榜样是母亲	男孩和女孩可以自己选择是以母亲还是以父亲的特征、态度为榜样
母亲的家庭和社会地位低于父亲	性别不影响社会地位
女性解放的含义是女性可以实现与男性相同的社会功能	女性解放的含义是男性和女性有平等的社会分工及家庭分工

有关恐惧症来源的总结

目前我们对过度恐惧和恐惧症的理解采用了“生理—心理—社会”模式，也就是说，这三个方面都应纳入研究范围。

- 生理因素：人体内可能存在易感恐惧的生理条件。
- 心理因素：易感恐惧的生理条件会在教育、生活经历和环境因素的影响下被激活或被抑制。
- 社会因素：一些文化和社会因素也会影响恐惧的发展。

寻找恐惧症的病因是一个宽泛且快速发展的研究领域。多种因素的综合研究展现了振奋人心的趋势。这种研究方法为我们提供了更多的治疗思路。对我来说，最重要的不是研究先天条件和后天条件如何作用于人的精神世界，尤其是当我们已长大成人，开始审视自己，该发生的已经发生，最重要的是不要用不妥善的行为加重易感因素。我们应该自问：如何才能击退恐惧？

第三章

恐惧和恐惧症的机制

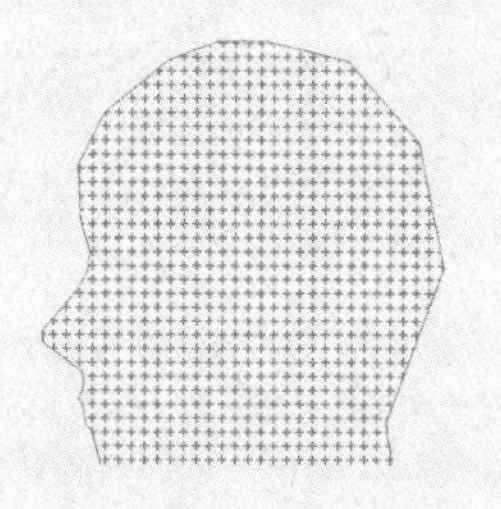

最重要的问题不是“为什么我感到恐惧”，而是“为什么经过很多努力，我的恐惧依然存在，而我明明知道这样的恐惧是多余的”。

事实上，我们的恐惧之所以总是存在，只是因为自己被恐惧支配。逃避会让我们的行动受恐惧的支配，会让我们把注意力只集中在危险的事物上，也会让我们的思想受其支配。恐惧也会让我们的智慧无处施展。幸运的是，我们现在已经知道如何让恐惧回归原位了。

“而现在，我是否对你说过，你以为的疯狂只是更敏锐的感觉？”

——爱伦·坡

“在和恐惧症共存好几年以后，我已经无法清楚地知道生活里哪部分是真正的我，哪部分是恐惧症；哪部分是正常的，哪部分是不正常的。

“在空闲时段购物是正常的想法，但是因此变得完全不敢在繁忙时段购物，害怕在人群中晕头转向，就是不正常的。由于对恐惧症感到羞耻，我从不和别人谈起这一点，甚至连家人都不知道。我也因此变得越来越迷糊。我不知道生活里什么是由恐惧症决定的，什么是由自己的人格和选择决定的。

“更重要的是，我已经不太会面对日常恐惧。如果强迫自己克服恐惧，我就会生病，而且需要好几天才能恢复过来。这样做以后，我不但没能克服恐惧症，还感到更加受伤了，有一种劫后余生的感觉。如果逃避恐惧，我就会看不起自己，产生一种挫败感。不管过了多少年，不管我做了多少努力，仍然无法摆脱被恐惧支配的烦恼和羞辱。最可怕的不是恐惧，而是恐惧带来的羞辱感，是不知道自己为何总是无法克服恐惧……”

恐惧给我们带来强烈的冲击，使我们逐渐养成不良习惯，使治愈恐惧之路困难重重。对正常恐惧和病理性恐惧形成机制的不了解则是另一个不利因素。理解过度恐惧的机制是克服恐惧心理的前提条件。因为，与我们的臆想相反，恐惧症的形成机制并不神秘。尽管恐惧症是“心灵”的疾病，但它和其他慢性疾病，比如我前面提到的糖尿病和哮喘病，遵循同样的规律。

作为精神科医生，我常常和其他医生一起合作治疗高血压或糖尿病。几年前，我和肺病专家一起治疗过哮喘病。在治疗过程中，我发现有一种针对哮喘患者的学校，哮喘患者在学校里学习哮喘发作的病理机制。这种培训的效果非常惊人。经过培训的患者会更加乐意参与治疗而且在日常护理中犯的错误更少。

我相信在治疗恐惧症时也可以采用同样的方法。我多么想为恐惧症患者设立一所学校，让他们获得和糖尿病患者以及哮喘患者同等的待遇，让他们学会平和地对待恐惧症，帮助他们去除恐惧症的污名，为他们提供与恐惧症相关的信息，向他们解释恐惧症的发病机制。我在接待患者的时候总会不厌其烦地向他们解释过度恐惧的发病机制，这能帮助他们走出负罪感和无益问题（“得了恐惧症是我的错吗”）的恶性循环，从而引导他们找到具体的应对方法（“在日常生活中我应该怎么办”）。因为向患者提供病情解析一定能提高患者参与治疗的意愿。患者可以借此消除与恐惧有关的偏见和刻板印象。

为患者提供与恐惧症相关的信息，向他们解释恐惧症的机制，如此一来，在患者眼里，这些应治疗师的要求而付出的努力会变得更有意义，他们也能因此获得更大的动力。长久以来，医生和心理治疗师都对知道太多的患者心存疑虑，认为他们自找麻烦。但如今，相较于一无所知的病患，我们更乐意接待“专家患者”，也就是对恐惧症，尤其是对病态性恐惧的治疗领域有所了解的患者。在与恐惧症的战斗中，专家患者是心理医生的最佳合作伙伴。如今我们甚至会邀请患者参加心理疾病研讨会，共同探讨与恐惧症相关的知识。本章后续内容并不只与科研相关，也可以为想要做出自我改变的人提供一些想法和信息。

恐惧症的 3 个构成部分

你们在动物纪录片中一定看到过这样的景象。

草原的夜晚已经降临。一只羚羊来到河边饮水。此时风景绝美，落日嫣红，影子更为风景增加了层次感，但是羚羊并不感到放松。它警惕地饮水，稍有声响就会抬起头来四处张望。如果我们能在此时测量它的心率，毫无疑问，那将会非常高。它看到的风景与观众看到的静谧优美的风景完全不同。它知道有水的地方也是所有在草原的炎热天气中口渴的动物的聚集之所，这其中也有想在饮水途中顺便解决晚餐的凶猛的狮子。看到晃动的草丛，羚羊想到的不是凉爽的晚风，而是躲藏起来的肉食动物。每个树枝发出的轻微声响都会被它当作猎食动物接近的脚步声。它的所有感官都非常敏感，所有肌肉都绷紧，它时刻做着迅速逃跑的准备。

在夕阳下饮水纳凉，我们眼里如画的风景对羚羊来说却充满了危险。它在一天中会经历多次这样的危险时刻。

饮水的羚羊正如惊恐发作的恐惧症患者。这也是为什么法语中将惊恐的急性发作称作惊恐“袭击”，就像猎食动物对它的猎物发动的袭击。恐惧的 3 个构成部分包括：

- 行为部分（只能时刻注意，准备随时逃跑）；
- 心理部分（只能看到危险的存在）；
- 情绪部分（身体里只剩下痛苦的感受）。

要想克服恐惧症，我们必须理解并逐渐掌握这 3 个构成部分。

首先，我们应该努力克服恐惧的行为部分，知道这一部分是由什么组成的，知道如何面对我们害怕的事物，即使我们仍然能意识到危险的存在。一旦了解恐惧的行为部分并知道如何应对，我们的行动就会变得自由。

其次，重复面对恐惧会让人逐渐改变世界观。在心态平和或成功应对恐惧时，如果我们静下来思考，会意识到我们对产生焦虑的事物的看法在逐渐改变。通过了解恐惧的心理部分，我们也会逐渐改变自我，逐渐看清恐惧的本质。

最后，只有在这时，经常面对恐惧的行为以及经常对恐惧进行反思才会使我们对恐惧的本能情绪反应逐渐消失，就像逐渐脱敏的过程一样。只有看清了恐惧情绪、知道如何让它们消退，我们才能重拾内心的平静，过上不受过度恐惧困扰的舒适生活。

行为机制：加重病情的逃避行为

“在恐惧症非常严重的时候，我变成了‘回避专家’，和‘借口女王’。这么做只是为了不面对能够引起惊恐发作的场合，比如寻常的饭局邀请（我不能忍受被困住的局面）、参加一场在一幢大楼的36层举行的晚宴（我不敢乘坐电梯），或者乘飞机旅行（机舱门一关，我就会有濒死体验）……我的生活中没有任何临时起意，一切都要提前计算好、计划好。我的脑子里仿佛有一个日历，将所有事件都记在其中，无论是容易应对的事件还是有挑战性的事件。我觉得自己的生活实在可悲，让人疲惫不堪。我的恐惧症越来越严重，回避已经无法让我获得短暂的平静，而且我还付出了失去行动自由的代价。生活不断地考验着我……”这段话出自伊利斯之口，一位我曾经治疗的惊恐发作及广场恐惧症患者。

回避行为：看似合理，实则有害

对恐惧症的回避行为并不是控制恐惧的最佳手段。虽然恐惧症患者无此意愿，也并不知情，但他们常常能将自己的恐惧保持很久……

这是因为他们高度敏感，而恐惧能给他们带来强烈的冲击。恐惧症患者通常会自然而然地选择回避让他们恐惧的场合；他们会将日常生活安排得井井有条，让自己无须面对可能引起恐惧的场合。所以说，回避行为是恐惧症的核心部分。

逃避（通过逃离现场）或者回避行为（通过提前计划好的回避策略）虽然能够减轻焦虑，但也会强化恐惧。周而复始，恐惧会变得越来越强，患者对回避行为的依赖也越来越强，这和成瘾机制如出一辙。回避行为可以暂时缓解焦虑，但它也会让患者逐渐成瘾，不能自拔……

回避的天才

很多恐惧症患者都和伊利斯一样不得已变成了“回避专家”。

回避又分为以下几种类型。

- 对某些场合的回避。例如，避免经过有鸽子的地方，回避在公众面前演讲的场合，避免乘坐地铁。恐惧症患者会根据需要回避的场合来安排自己的生活。他们通常会编造一些看似合理的理由来向亲人、朋友解释自己的回避行为，如“我不喜欢去那个小区，那里太丑了”“我不想参加那个派对，因为太没意思了”“地铁里又热又臭”。
- 对某些画面、词语和想法的回避。避免想象让自己害怕的事情，避免看照片、电影，避免听别人的谈话或读文章、读书……但是很多研究都证明故意回避某些想法只会让这些想法带来的焦虑更加强烈[1]。这就是恐惧想法的悖论，也是其他焦虑症的悖论。最后，这些患者会感觉自己只能想到让自己害怕的事情。他们并没有想通无法彻底摆脱这些令人担忧的想法的原因。所以，这种回避行为也许可以帮助未患恐惧症的人缓解情绪，但对恐惧症患者则并无益处。

- 对某种感觉的回避。通过避免跑步防止自己感受强烈的心跳，通过不穿高领衣服、不系领带避免窒息的感觉。多个研究证实了恐惧症患者这些倾向和由此带来的一些问题。在一个案例研究中，我们让志愿者吸入二氧化碳并向他们说明吸入的气体会带来某些不适感，例如心跳加快、出汗、呼吸困难，等等。我们让其中一组志愿者不去注意自己的感受，不让身边的人发现自己的不适；让另一组志愿者仔细感受自己的身体，不要控制或者掩饰。平时有回避自己感受倾向的人（大多是容易焦虑的人），在不注意感受时显得比那些仔细注意感受的人更加焦虑[2]。因此，回避身体感觉的策略只在不易情绪化和不易焦虑的人身上才有效果。

轻微回避有助于患者生存，但会影响生活质量，且无助于克服恐惧

有的场合实在难以避免一些轻微的回避行为，除非患者能够接受恐惧对社交生活带来的巨大影响。所以很多患者也会在某些特定条件下选择面对恐

惧。他们会选择不直接面对恐惧，想办法把注意力放在其他事情上，这样就会忘记让自己产生恐惧的场合，比如选择非高峰时间去购物等。也有的患者采取一种“反恐惧症”的策略，例如服用（或随身携带）镇静药、寻求他人的陪同，等等。但程度无论怎样轻微，回避行为的本质并未改变，所以轻微的回避行为也会影响生活质量，而且无法消除恐惧。

轻微的回避行为在恐惧症患者眼中常常是无意识的，所以他们常常将其和偏好混为一谈。这样做带来的问题是他们会将遭受的病症错误地视为一种生活方式。他们会说“我周末不喜欢去郊区”，而不会说“我害怕虫子”；他们会说“乘地铁的时候我不喜欢坐在别人对面”，而不会说“如果别人在近处看我，我会浑身不自在”；他们会说“我不喜欢在高峰期购物”，而不会说“我害怕排队”。

我们通过实验证实了轻微回避行为的有害性。我们将动物恐惧症患者和让他们产生恐惧的动物置于同室 1 小时（将装有动物的透明笼子放在他们水平视角的位置上）。在这个过程中，我们将患者的注意力转移到别处，1 小时以后，他们的恐惧反而比注意力未被转移的患者更强烈[3]。也就是说，注意力的转移减弱了患者适应恐惧刺激的能力。当然，这也和恐惧程度有关。对于特别焦虑的患者，轻微回避行为确实可以在面对恐惧的初期产生积极作用[4]，但他们早晚要停止回避，真正面对恐惧。

避免回避行为

回避行为可以被理解，这也是恐惧症患者的主要问题。只要患者仍然有回避行为，即使是很轻微的回避行为，他们就不可能停止焦虑。

比如，广场恐惧症（患者通常会避免远离安全场所）是最妨碍正常生活的一种恐惧症，也是最难以治疗的恐惧症之一，因为患者的回避行为会无限延长病期。社交恐惧症患者中具有回避性格的患者，也就是那些“听从”恐惧、停止与其斗争、最大限度减少社交接触的人（他们有很多借口，比如“别人总是让我失望”“闲聊太没意思了”），是很难被治愈的。

因此，治疗恐惧症需要克服的最大困难就是各种回避行为。如果不直面恐惧，恐惧症的治愈是毫无可能的。当然，面对恐惧也要讲究方法，只有正确的方法才能让患者逐渐减轻对恐惧的敏感性。这就是我们所说的适应过程。

方法如果不正确，很有可能适得其反。恐惧还会随着时间的推移和接触频率的增加而变得越来越强。我们会在下一章着重探讨哪些方法是正确的。

通常，对抗恐惧的过程会产生巨大的情绪损耗，有时还需要心理医生的支持。但是经过这一过程，我们会逐渐发现自己害怕的危险实际上是不存在的。我们只有通过实践，通过面对恐惧情绪，而不是在远处平静地观看危险才能达到这一目标。通过面对恐惧而确认危险不存在这一做法，并不是为了说服我们的理性或智慧，因为它们已经知道这一点了。所有恐惧症患者都知道自己的恐惧是想象出来的、是多余的，但还是要面对恐惧，因为经历恐惧获得的体验要比想象更加强烈。我们的情绪脑是非常多疑的，它们不仅需要理论，还需要证据。

但是，简单地面对恐惧是不够的，我们也需要改变对世界和危险的看法。然而，恐惧症患者的世界观存在一些问题……

心理机制：恐惧有一双大眼睛

“恐惧有一双大眼睛。”

——俄罗斯谚语

恐惧症患者的“大眼睛”有时是望远镜，能瞧见很远很远的危险；有时是放大镜甚至是显微镜，能观察到微乎其微的危险，却看不到自己身在何处。他们甚至能看到常人看不到的事物，能从现实生活中推断出最坏的结果。

一个社交恐惧症患者收到朋友聚会的邀请后，会提前好几个星期开始担心。聚会中，他开始仔细观察每个人的脸，寻找微小的轻视或挑衅的表情。他害怕发言或表达自己的意见，害怕自己在不知不觉中成为别人的笑柄。

与恐惧症患者如何感知周遭环境有关的现代科学研究有如下结论。

- 恐惧症患者会以病态的方式将注意力集中在恐惧上。他们不是在观察周遭环境，而是在监视周遭环境。
- 一旦有所怀疑，他们会立刻警惕起来。宁可无端恐惧，也不能追悔莫及。
- 他们会不断想象最差的情况。为了保护自己，宁可未雨绸缪，也要做最坏的打算。
- 他们会完全沉浸在恐惧的情绪当中。

这些心理现象的出现往往不由自主，患者甚至意识不到它们的存在。患者如果不想完全处在无知的状态，就有必要意识到这些现象的存在，但他们无法完全防止它们的出现，因为预防需要更多的时间。

我不观察，我在监视

恐惧症患者面对恐惧源时通常处于一种过度警惕的状态。他们还有一种能在环境中迅速获取恐惧源信息的能力。一个蜘蛛恐惧症患者能比其他人更快地找到房间里的蜘蛛网；社交恐惧症患者也能迅速找到最友好的面孔，并认为这些人应该不会造成危险，而对于那些有可能评头论足或无事生非的人，则会保持距离，并且偷偷关注其动向。

这种过度警惕心理似乎也能作用于无意识感知。例如，如果我们用计算机屏幕向蛇类恐惧症患者展示蛇的照片，并迅速用其他照片掩盖蛇的照片，比如花的照片。我们会发现，通过皮肤导体测量出的身体紧张水平和没有掩盖蛇照片时的身体紧张水平相同[5]。他们的情绪脑"看"到了蛇并发出了警报。同样类型的实验也曾在社交恐惧症患者身上进行[6]。只不过潜意识刺激物换成了多种多样的面部表情。当屏幕中显示的是比较凶的表情时，被测试对象的回答会受到干扰，而当显示的是面部无表情或比较友好的表情时，被测试对象的回答则不受干扰。由此可见，对恐惧的反应是由无意识感知造成的。这也是为什么有的恐惧症患者会在莫名其妙的情况下发作。

现在的问题是，这种自动产生的过度警惕会延长不适感。一旦发现了危险，在不能逃跑的情况下，恐惧症患者会选择视而不见，因为恐惧会令他们十分痛苦[7]。但是既然发现了危险，他们也不能完全忽视……这也是为什么他们会感到明显不适，在监视和回避之间不停摇摆。我们可以把这一过程分为经典的四个阶段：一是我不停寻找危险可能出现的地方；二是一旦找到危险，由于直视危险过于可怕，我选择视而不见；三是我必须留意，因为我不能完全忽视危险；四是为了不再处于两难之中，我选择逃离。

讲一个小故事。一个英国科研团队用真的蜘蛛做过一个实验。他们将装有蜘蛛的玻璃瓶放在患恐惧症的志愿者旁边。他们发现恐惧症患者注视蜘蛛的时间与蜘蛛的放置位置有关。如果蜘蛛放在离出口很远的地方，他们会努力不看蜘蛛；如果蜘蛛被放在去出口的路上，他们会不由自主地看蜘蛛[8]。这就是我们说的"被恐惧催眠了"。

下面让我们总结一下。

- 恐惧症患者会不由自主地扫描周遭环境，寻找恐惧源，以此确定是否身处安全的地方（对恐惧症患者来说，只有两种地方——安全的地方和危险的地方）。对他们来说，重要的问题只有两个。一是危险存在吗？恐猫症患者来到一个住宅中，他们会立刻注意到客厅的沙发上有猫抓的痕迹或者放在地上的水盆。二是有解决方法吗？幽闭恐惧症患者能在一个房间里立刻找到紧急出口和门窗的打开方式。

- 作为恐惧专家，他们会在所有人之前找到可能存在的问题。
- 这时，他们会陷入看问题（看了会很痛苦）与不看问题（不一直关注又不放心）的困扰中。
- 简而言之，他们的生活非常复杂，他们通常会选择逃避。

“说不定呢……”

由于在面对恐惧时强烈的无力感，恐惧症患者会在危险随时可能出现的环境中努力保持警惕。这种焦虑性警惕会令他们疲惫不堪，也有可能导致虚假警报。他们就像确信危险和敌人存在的哨兵，稍有怀疑就会拉响警报。

多项研究证明，当我们处于强烈的恐惧当中时，我们比较倾向于负面地理解中性刺激。例如，如果我们让社交恐惧症患者填写一份调查问卷，让他们描述各种模棱两可的场合（不是非黑即白的，而是为个人理解留有空间的场合）[9]。能让社交恐惧症患者产生负面理解的只有社交场合（比如来家中做客的朋友提前离开），他们对非社交场合不会产生负面理解（比如收到一封挂号信）。

模棱两可的刺激在生活中比比皆是，而恐惧症患者总会倾向于对其进行负面理解。动物恐惧症患者看到一个动物静止不动就会认定它会发动突然袭击；社交恐惧症患者看到别人的微笑就会认为别人可怜他、看不起他；惊恐发作患者一旦感觉到心跳有些加速就会对自己说：“完了，这次真的是心脏病发作了……”

实际情况是，恐惧症患者有时能比其他人更快地做出正确的推断，但他们也常常犯错。例如，如果我们将很多面部表情的照片迅速展示给他们[10]，他们能快速找出其中不友好的表情（没有假阴性），但是他们也会把很多实验设计者和未患恐惧症的人看来的中性表情当作不友好的表情（很多假阳性）。这种倾向于负面理解的行为有可能提高其生存的机会，但也会严重影响生活质量。如果能够减少怀疑，接受犯错的可能性，无须因锁定所有潜在的危险而不堪重负，那不是更好吗？

恐惧症患者总以为，如果停止过度警惕，他们就会深陷危险之中。这是不对的。谁能保证被我治好的恐犬症患者不会再被狗咬？我没得恐犬症，但我被狗咬过好几次。如果得了恐犬症，我可能就不会被咬。但对我来说，偶尔被狗咬一次带来的困扰会比一见到狗就产生恐惧和逃跑行为的困扰要少。能够拥有自己的理性思考而不被大脑杏仁核支配，我觉得自己运气很好。否则，我就要通过心理治疗来达到这个目的。

出于同样的原因，恐惧症患者“宁可无端恐惧，也不能追悔莫及”的想法让他们在看待事物时采取非黑即白的方式。他们通常只有两种极端的看法：如果不是安全的，那就是危险的。这种思维方式让他们在看待环境中的恐惧源时无法感受到细微的差别。例如，一个恐犬症患者会认为所有的狗都会咬人，而没得恐犬症的人会判断哪些是会咬人的狗，哪些狗并不危险。一个广场恐惧症患者说不清突然的心跳加速是走路较快造成的，还是摄入过量咖啡造成的，或者是心肌梗死的前兆。因此，能够渐进地灵活解读危险场合是非常必要的。在恐惧症患者“这太危险了”的想法和旁人“这没什么”的想法之间，在两种不同的信息之间，心理治疗师试着让恐惧症患者接受事物的细微差别。他们会说：“我们可以接受危险的到来，也可以坦然面对。”

我会在脑海里想象可怕的场景

“我有强烈的恐高症。我不敢滑雪，也不敢上高架桥。这也就算了。每次站在阳台上或者靠近窗户时我都会头晕。就连看到别人靠近窗户，我都会感到害怕。最可怕的是，每当我的女儿靠近阳台，我就会立刻想到她从高处跌落的画面。我甚至在脑海里看到她躺在棺材里的画面……”

“我提前准备，我负面理解，我夸大恐惧”，这大概是所有恐惧症患者的口号。这已经完全融入了他们的精神状态，他们甚至无法察觉这一点。他们强大的想象力应该成为关注的对象。因为他们即使没有亲眼看到恐惧源也会感到不适。大部分与恐惧症患者有关的研究都是以视觉刺激感知作为研究对象的，因为我们经常认为图像能对恐惧症患者带来最直接的刺激，但事实并不完全如此。一项与蜘蛛恐惧症有关的研究将视觉刺激（蜘蛛的图片）和语言刺激（“蜘蛛”这个词）做对比。和研究人员的推测相反，语言刺激造成的恐惧更强烈[11]。这也证明了心理描绘，也就是想象力对恐惧症患者的影响程度。所以蜘蛛恐惧症患者只要听到“蜘蛛”这个词，不需要其他任何信息，就能想象出蜘蛛的画面：它们又大又黑，浑身毛茸茸，长着健硕而锋利的爪子，在颤颤巍巍的蜘蛛网上伺机扑向任何移动的猎物……这比任何蜘蛛的图片都可怕！

我深陷恐惧不能自拔

由于恐惧症患者能感受到强烈的负面情绪，他们倾向于将注意力完全放在自己身上。他们会不由自主地沉浸在自己的内在世界而忘记外部世界的存在。和他人交流以后，能感受到强烈社交恐惧的人记住的细节比感受不到社交恐惧的人记住的细节要少很多。因为在谈话的过程中，他们把主要精力放在了自我审视和减少不适感上[12]。

他们也被我们叫作情绪性思维的受害者。他们会根据面对危险时产生的情绪反应来定义危险的程度。如果我心跳加快，那一定是有危险了；如果我感到不舒服，那肯定是我的身体出了状况；等等。

这种现象在儿童[13]和成人[14]身上都可能存在。它会导致我们将身体感受当作危险信号的误判，导致我们盲目地信任恐惧。因为很多人认为警报既然拉响了，危险就是真实存在的。问题是，恐惧症患者的警报系统已经失灵……

这也解释了为什么与恐惧有关的想法能够自动而快速地引起惊恐发作。恐惧症患者首先会感到身体不适（心跳加快、眩晕、轻微呼吸困难、叹息等）。接下来，他们会将这些身体信号当成潜在的危险（“会有什么不好的事情发生”）。这种想法会让他们的恐惧继续增强，进而导致身体的不适感增强，于是他们就会集中所有精力关注自己的身体状况。问题是这样做以后，他们能更清楚地感受到身体不适，进而将不适感的增强当作身体状况的恶化（“我的不适感越来越强，这说明情况恶化了，这可不是什么好事”）。于是他们焦虑感倍增，最终惊恐发作。

在情绪影响下的理智：我们能做什么

上文提到的现象都发生在“前专注阶段”，它们不由人的主观意识决定。它们引起的警报通常是无用的，只会使患者疲劳。它们是造成强烈恐惧的主要原因吗？我们还不知道，但我们已经知道如何改善这一情况。有些研究已经证明针对注意力问题的心理治疗可以起到积极作用。经过一次行为治疗，恐惧症患者就能显著地减少潜意识里恐惧源刺激给他们带来的干扰[15]。

当然，我们的目标并非让恐惧症患者能够完全控制这一过程，这是我们不希望达到的效果，也是不可能达到的效果。恐惧对他们来说就像警报系统，保持相当程度的敏感是有必要的，他们只是不必过度敏感。我们应当帮助他们根据生活中的各种情况正确调节警报器：在某种情况下可以提高对动物的恐惧，比如走在亚马孙雨林中时；有时候可以调低它的敏感度，比如在郊区的树林里散步时。

然而，恐惧症患者的警报系统十分刻板，敏感度总是被调到最高。我们在心理治疗的过程中可以通过应用某些心理学技巧教他们调节。一方面，我们要让他们努力面对恐惧，减少对环境的关注；另一方面，我们要帮他们学会改变自动出现的负面理解。然而这并非易事，因为恐惧症患者的思考方式已经严重受到情绪左右，他们的理智受到情绪的影响。我们将在后文提到为什么理智会受到情绪的影响，以及如何在进行行为治疗和心理反思之外，直接针对情绪问题进行治疗。

“在那些瞬间，我感到自己疯了。”

“我在情绪的影响下会害怕一切事物。”

“我的身体和理智已经不听使唤。我就像驾驶着一辆没有方向盘也没有刹车的汽车，已经完全失控。”

“我感到很绝望，很崩溃，无法做出任何决定，就像被车头灯吓呆的兔子，一动不动，最终会被车撞死。”

每个经历过恐惧的人都能极好地描述类似这样的强烈的情绪体验。经常有这种体验的恐惧症患者也会告诉我们，当这种情绪被激活时，他们的生活会变得多么失控、多么糟糕。然而，让恐惧症患者控制惊恐发作就像让哮喘患者控制哮喘发作一样困难……原因很简单，对恐惧的反应有着坚实的生理基础。我们的大脑中有一个区域叫作杏仁核，它的形状狭长，类似杏仁。恐惧警报就是由杏仁核[①]发出的。在正常条件下，杏仁核是由与其相邻的脑结

① 我们的左脑和右脑中各有一个杏仁核。每个杏仁核中都有若干核心部分，每个部分都有各自的功能。这些信息在此处并非不可或缺，感兴趣的读者可以阅读约瑟夫·勒杜的著作《人格心理学》。

构调节的。这部分脑结构负责过滤信息，决定哪些信息有用，哪些信息无用，也负责调控恐惧的强度，以防恐惧起到反作用。如果恐惧过于强烈，它便不会帮我们在危险面前做出最佳选择。

我们已通过多种方法证明了杏仁核的作用。我们将实验室动物的杏仁核损伤或麻醉后发现，它们面对恐惧时的行为有了明显的改变。我们使猴子面对蛇时的恐惧消失，猴子甚至会毫不害怕地接近并摆弄蛇。有关恐惧的记忆似乎也会被改变。有的猴子即使被蛇咬了，仍然会接近蛇。同样，老鼠对猫的恐惧也消失了。杏仁核被损伤的老鼠可以毫不恐惧地接近猫，甚至敢咬猫的耳朵，而在正常情况下这是不可能出现的。需要说明的是，在实验过程中，猫处于麻醉状态，否则实验无法正常进行。相反，当我们对杏仁核部位进行电击时，动物会产生强烈的恐惧情绪，即使周围并没有任何危险的存在。

恐惧的脑回路：害怕心理的生理流程

如今，我们已经大致了解了恐惧的脑回路。

从几年前开始，我们就已经知道大脑皮质下方有一个处理复杂心理机制的区域，特别是前皮层，是比较原始的情绪脑的所在，就像很多其他动物一样。当我们让恐惧症患者面对他们的恐惧源时，我们能在其大脑这个部分观察到血流量明显增加的现象，说明这里正是情绪激活之处[16]。如何简单地描述恐惧时的脑回路呢？

我们的感官（视觉、听觉、嗅觉，等等）从周围环境中获得有关恐惧的存在或者可能存在的信息，比如一条蛇，或者地上一个形状像蛇的树枝。这些信息会激活杏仁核。杏仁核会发出第一个身体警报，比如警惕反应、惊跳或者紧张。

接下来，警报会被杏仁核周边其他与恐惧的脑回路相关的脑结构予以审核，尤其是海马体（属于情绪脑一个不受意识控制的区域）以及部分受意识控制的前额叶皮质（见图 3-1）。

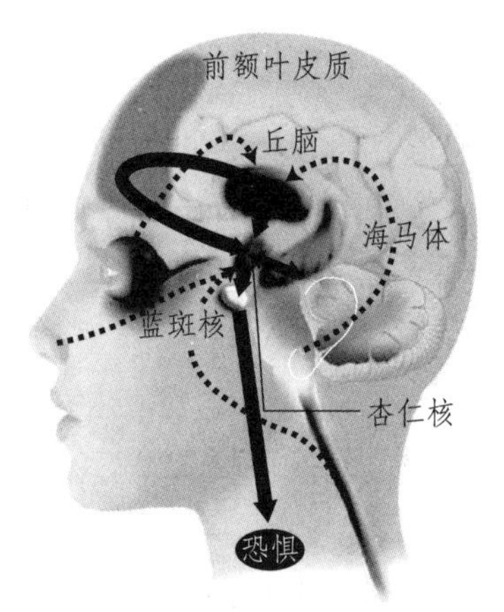

图 3-1　恐惧的脑回路

大脑中海马体的主要作用是对比过去的各种经历："我是否遇到过这种情况？这种情况是否造成了一些严重的问题？"海马体还能处理恐惧源的环境信息。比如，当我们看到一只被关在笼子里的狮子时，我们不会感到恐惧

（杏仁核仍会有微小的警报反应），但是笼子的存在大大减少了恐惧。恐惧症患者可能不会处理环境信息，他们要认真严肃地处理所有的恐惧刺激。环境因素的作用很小，比如严重的社交恐惧症患者在和朋友亲人相处时也会发病，尤其是当大家的注意力集中在他身上时。

前额叶皮质可以调节恐惧产生的自动反应。它负责汇聚所有感官、情绪、文化和个人信息……以此制订一个适应环境和需求的行动方案[①]。

让我们再次以散步时看到的蛇影为例。我们的眼睛看到了蛇影——地上的正弦形物体，颜色灰暗，静止不动。眼睛将这些信息传递给杏仁核。接下来，杏仁核会发出首个警报："注意，注意，有可疑物体！"然后采取首个求生措施："一动不动！"我们的海马体会立刻在记忆中寻找相似经历："这个形状的物体在我们的集体记忆和个人记忆中有潜在的危险吗？"同时，我们的前额叶皮质试着发出指令："继续和我保持联系，但是你可以慢慢接近这个物体，看一看到底是什么，应该不会有多大危险。"

如果出于某种原因，海马体和前额叶皮质这两个脑结构不阻止杏仁核发出的警报信号，那么恐惧就会不受限制，就有可能引起惊恐发作。我们会在一条正在逃跑的、毫无攻击力的小蛇或者一块木头面前大惊失色并对自

---

① 当然，我在此介绍的功能解剖学数据是经过简化的。目前的科研成果假设有一种更复杂的回路的存在。某些感官信息，例如视觉和听觉信息会首先经过位于大脑中心的丘脑的处理。同时拉响恐惧警报的有两种脑回路：一种在丘脑和杏仁核中间形成的短回路，和一种在这两个脑结构及大脑皮质之间形成的长回路。其他脑结构也参与其中，例如终纹床核能将恐惧转换为焦虑，或者蓝斑核听从杏仁核的指令，引发恐惧的生理反应……请参考前文提到的约瑟夫·勒杜的《人格心理学》。

己说："从此以后，我的孩子们再也不能去森林里散步了，因为这儿太危险了。"而且，惊恐发作的次数越多、恐惧症对我们日常生活的掌控越大，我们对恐惧的生理回路就会越强。那么惊恐就可能随时发作，甚至在毫无理由的情况下发作，就好像一个发疯的软件一样，被误操作一次以后，它就在计算机屏幕上自己不停启动……

杏仁核与前额皮质层之间的关系：是斗争还是合作

在病理性恐惧中，杏仁核显然是最重要的结构。出现病理性恐惧的原因有很多，多数情况下是由性格的易感性决定的，也可能是创伤性经历造成的。因为杏仁核能"学会"并且牢牢记住恐惧的经历。

神经影像学让我们可以直接观察到大脑的各个部分在各种场合中的使用情况，我们也因此了解了杏仁核的作用。社交恐惧症患者看到生气或者轻视的表情时的情绪反应比未患社交恐惧症的人强烈，他们的情绪反应的激活可以通过对杏仁核的核磁共振直接被观察到[17]。

最近有一项研究课题是"当我们在公共场合讲话时，我们的大脑里发生了什么"[18]。人在这种场合中都会紧张，但是社交恐惧症患者在这种场合会大脑一片空白，没有办法回忆起任何想法、记忆。最坏的情况是在面试时，他们想不起任何知识。脑部影像显示，未患恐惧症的人在公共场所讲话时杏仁核的血流量确实会迅速增加（他们也感到了恐惧），但各种皮质区域的耗氧量也明显增加，而这些区域的功能就是调集储存在大脑中的知识资源来应对相应场合。而恐惧症患者的大脑恰恰相反，杏仁核的激活非常强烈，但相比于未患恐惧症的人，他们皮质区域的血流量并没有明显增加。实验结果与社交恐惧症患者经常对我们说的话不谋而合："我大脑一片空白。我根本没办法启动我的大脑。我感到非常恐惧……"

正是因为杏仁核全力运转，他们才会产生"灾难就要来临"的情绪，以及强烈的内在不适感。杏仁核发出的无处不在的可怕警报将皮质区域搞得晕头转向，导致大脑一片空白。

为恐惧而设计的人体

为什么相比于大脑中更加"尊贵"、进化得更加完善的部分，杏仁核如此原始的结构会占了上风呢？这是因为我们的大脑的突触网络更多地位于杏仁核—前额叶皮质方向上。杏仁核是第一个获得警报的脑结构。因此，在面对危险时，身体的反应总是比大脑早一步[19]。

我们的身体就是为恐惧而设计的。面对恐惧时，我们通过学习、观察和亲身经历逐渐学会选择。我们的大脑这个卓越的"个人计算机"，在进化过程中装备了让我们产生强烈恐惧的软件。我们装备的软件很可能和祖先装备的软件没多大区别。但我们面对的危险却非常不同，这就需要我们学会灵活调节恐惧情绪。根据身处的环境，每个人都调节着自己的恐惧软件。对某些恐惧的敏感度会被调低，对日常生活中有好处的恐惧的敏感度则会被调高。但无论怎样，我们应当根据自身的需求和环境的变化灵活调节恐惧。另外，恐惧情绪的触动不会让我们的个人计算机“死机”，面对问题，我们不会不停地惊恐发作。

因此，我们无须学习恐惧（我们天生就装备了恐惧软件），我们应学习的是，哪些事物值得我们恐惧，哪些事物不值得我们恐惧。

恐惧生理机制的失灵

我引用的这些科研结果都不是抽象的，它们完全符合恐惧症患者对自身病症的描述。

首先是有很多能发展成惊恐发作的恐惧和对恐惧的恐惧：“我会不惜一切地回避让我担心的场合，因为我的恐惧一旦出现，就会变得无法控制。”

其次是恐惧的自燃。有的恐惧会在几乎没有任何事物诱发的情况下自动产生。一个想法、一个眼神、一片沉寂、一次较强的心跳、深夜闹铃忽然响起的声音都足以触发……我们提到，恐惧症患者交感神经的兴奋水平过高（用通俗一点的话来讲就是他们总是过于紧张），这也能解释惊恐发作的原因，恐惧就像盛夏酷暑天气的闪电一样一触即发。

最后是恐惧的回归。恐惧的记性极好，即使我们已经做出很大进步，可以骄傲地面对恐惧，并改变了对世界的看法（较少使用灾难视角），它仍然可能归来，就像人们不再爱听的过气的老歌一样。这其实是因为我们的大脑不会忘记恐惧，只是在睡眠中将之存档。虽然我们已经克服了恐惧，但如果重新面对曾经造成惊恐发作的场景，再加上如果当时的状态不太好，那么曾经的恐惧就会回归。这可能会让一些患者心灰意懒，觉得“一切努力都白费了”。但是恐惧的回归对于知情的患者，尤其是曾经接受行为治疗的患者来说其实是可控的。因为他们非常清楚，如果曾经的情绪反应再次出现，自己应该怎样控制它们的发展，让它们逐渐淡出。

如何让杏仁核平静下来

由生理结构决定的现象并非不能改变。

如果恐惧的加强是可能的，那么恐惧的减弱也是可能的。近些年一些激动人心的研究证明，恐惧症患者的异常大脑是完全可以通过药物或者心理治疗恢复正常的[20]。这种叫作大脑神经可塑性的能力将成为未来几年心理学以及心理治疗领域的重点研究对象[21]。这一现象提醒我们，大脑可以受经历的影响而不断变化。我们可以改变自己的大脑，对其进行重设，让病理性情绪不再是一个负担。

但这也是一个循序渐进的过程，一个学习的过程。就像学习一门乐器或学习英语一样，我们要花很多的时间。并且单纯地学习理论是不够的，我们还要时常练习。与恐惧症的斗争也是这样，要学会驯服过度恐惧，我们就要在很长的一段时间内付出很多努力。根据恐惧症的类型和发病历史，人们与它们的斗争时间从几个星期到几年不等。注意，这并不是说恐惧症需要如此之久才能好转，因为最初病情能够很快得到改善，而是说虽然仍有恐惧症发作的可能，但我们能够将其有效控制，那可能需要很久。

我的一位患者曾经做出如此的比较："我就像一个驯服了笼子里的猛兽的驯兽师一样驯服了我的恐惧。如今的我虽然心存疑虑，但一切由我做主。我不会整天待在笼子里。每当我靠近笼子的时候，我知道我不会出什么问题。我承认，有时我会因自己能够主导恐惧而得到一丝快感……"

勇气和判断力

与恐惧症的斗争与斯多葛学派及其有名的祈祷词十分相似："给我勇气改变可以改变的，给我力量承受无法改变的，给我智慧区分两者。"

恐惧症患者需要勇气，而且当他人无法意识到他们的恐惧源的存在时，他们需要更多的勇气。除了亲友和心理治疗师，没有人能意识到他们的勇气。他们往往在暗处默默地独自战斗。

他们也必须具备很强的精神力量，才能战胜治疗途中的重重困难，接受暂时的失败。恐惧是个顽强的敌人，仅仅靠想法对抗它是不够的。恐惧的治疗常常是一个循环往复的过程，需要打赢的不是一次战斗，而是一场战争。

恐惧症患者需要毅力。因为平复情绪的过程是非常漫长的。他们需要将自己的大脑重置，而重置的部分往往是意志力很难达到的区域。

最后，他们还必须拥有判断力，才能在面对恐惧时不对自己提出过分的要求。他们需要激励自我、鼓励自我，而不是虐待自我、谴责自我。只有将自我约束和自我接受微妙地融为一体，才能达到最佳效果。

在这个过程中，心理治疗师能为患者提供指导，也能为他们加油打气，并始终记得他们对患者的要求是非常不易做到的。当我让患者去面对使他们焦虑的场合时，我也曾有所顾虑，因为我知道让他们经历的是非常糟糕的时刻。比起在办公室讨论童年，去挤地铁、追鸽子或者跟陌生人问路对患者来说确实困难多了。

但当心理治疗接近尾声时，如果我问什么对他们的帮助最大，他们毫无例外会这样说："当你逼我去面对恐惧时。"

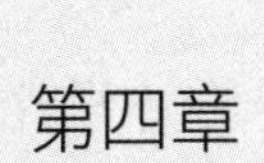

第四章

面对恐惧的基本方法

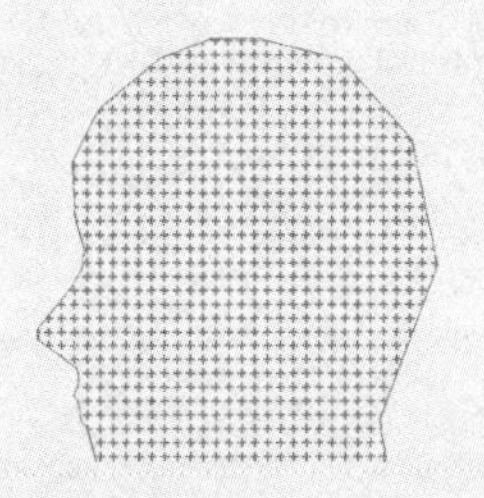

要让恐惧无路可退，否则它就会让我们无路可退。

这一章有让我们重获自由的建议，也有帮助我们提高抵抗恐惧的能力的练习。我们还会在下一章提到如何战胜恐惧。

但最重要的一条规则是，不身临其境便无法击退恐惧。想要克服恐惧，我们就要经常与它碰面。

“开战吧！我要用尽全力找到喜悦，否则我将迷失。

但如何，如何做到呢？”

——亚历山大·乔连安《人之天职》

“如果你一成不变，那么你的所得也一成不变。”

菲利普是我的一个患者，他非常骄傲地向我展示了记在一张小纸片上的这句话。他说：“医生，我看到这么一句话，我想你看了一定会觉得很有意思。”

在最近的几场心理治疗中，我们主要练习了如何改变滋养和维持恐惧的坏习惯。菲利普明白了我表达的意思。在心理治疗中，治疗师不在患者身边的时间很关键。虽然我们和患者一周有一小时的见面时间，但在其余一百多小时里，我们不在患者身边，在这期间，他们需要独自面对恐惧。

在下一章，我们会提到如何治疗恐惧症。但在这之前，我们先主要说明患者在日常生活中需要付出的必要的努力。当然，如果你有严重且持久的恐惧症，这里提出的建议无法代替真正的心理治疗。但如果你正在进行心理治疗，这些建议可以起到非常必要的补充作用，还可以巩固你在心理治疗师的指导下努力取得的成效。当你能将恐惧控制在可以接受的范围内时，本书的建议可以帮你保持这个状态。

下面我们就来详细介绍与恐惧斗争时遵循的十条指令。

1. 拒绝听从恐惧。

2. 弄清楚让你产生恐惧的究竟是什么。

3. 不再害怕恐惧。

4. 改变看世界的角度。

5. 按照治疗守则面对自我。

6. 尊重你的恐惧并让他人也尊重你的恐惧。

7. 思考你的恐惧的成因和功能。

8. 照顾好自己。

9. 学会放松。

10. 持久地努力。

拒绝听从恐惧

请你想象，一天，有一个陌生人不请自来。他毫不客气地进了你的家门，打开你的冰箱，躺在你的客厅里，时刻跟在你的身后。他还对你发号施令："给我挠挠后背，给我把早餐端过来，给我擦擦鞋，让我睡在你的卧室，你去睡沙发……"如果你听他的，那他还会离开吗？不会。你越让步，这位不速之客就越自在，越不想离开你家。

恐惧也是这样。它告诉你"别这么做""眼睛看下面""绕开走""逃跑算了""如果没人陪着，你就别出门"，如果你照做了，那么恐惧就永远不会离开你。

我经常向我的患者提起"不速之客"这个类比，让他们意识到自己常常无意识地对恐惧做出纵容和让步的行为。我们把恐惧当作不速之客，所以要利用一些行动让它不想继续做客。我们要让恐惧无路可退，否则恐惧会让我们无路可退。

这么显而易见的事实，恐惧症患者却很难看清。在病情发展数年以后，他们已经分不清什么是自己想要的、什么是恐惧症带来的。但是，对此问题的思考和反思是非常必要的，因为二者的利益是完全相反的。恐惧症患者想要重新变得自主、从容，而恐惧想让人们保持对它的依赖。所以，使自我从恐惧中分离，明白双方的利益不同，这是极其重要的。否则，当病情发展到一定程度，恐惧带来的回避行为就会被患者错误地理解为个人生活选择。他们就会对自己说："我不想参加朋友聚会是因为我觉得那很无聊，我不喜欢聊家长里短这些肤浅的事情"，而不是"我害怕，我不知道说什么，我害怕被冷落，别人会认为我性格孤僻"。他们还会对自己说："我不喜欢坐地铁是因为地铁里很压抑、很脏"，而不是"我特别害怕地铁卡在两站之间，我会感到窒息，还有可能惊恐发作"。时间一久，回避行为就被伪装成了生活选择，就会变得不易察觉，但它们的存在仍然会给患者的生活带来困扰。

所以，我们要敢于对恐惧说“不”，至少要对过度的恐惧说“不”，并向它们宣战。

当然，它们不会轻易缴械投降。当我们面对恐惧要求我们逃避的事物时，会感到恐惧的增加和情绪的不适。但你要记住，如果听从恐惧的指令而选择逃避，你会付出巨大的代价。为了暂时的清净，你将牺牲未来；向眼前的舒适屈服，你将失去未来的自由。

后文会提到，面对恐惧并不需要做出太多的努力，我们在每次小小的胜利之后获得的快乐会让我们忘记战斗时的情绪消耗，尤其是当我们意识到自己已经掌握一整套方法，可以巩固每个进步时。

需要注意的是，与恐惧症的斗争不是一场突击战，而是一场持久战。赢得一次战斗、暂时吓跑敌人是不够的，我们还要赢得其他战斗，让敌人永久地撤退，撤退到它应去的地方，回到正常恐惧的区域。当它试图重新发动进攻时（我们称之为恐惧的回归），我们要保持让它撤退的战斗能力。不要让步，坚持战斗！接受这段不安的生活。无论如何，你不想一直生活在恐惧症里，是吗？

在前面几章里我们提到过，你不需要为恐惧症负责，没有人会选择患上恐惧症，没有人喜欢在恐惧症里生活。

但是你应该为与恐惧症的斗争负责。改变态度很重要。你要从被动承受变为主动出击，从受害者变成反抗者。但你也要注意，你的敌人不是恐惧，而是恐惧症，也就是过度恐惧，是对恐惧的不当反应。你的主要问题是天然警报系统的失灵。矛盾的是，我们一方面要接受恐惧和恐惧感，并不再害怕恐惧；但另一方面又不要接受恐惧症，不要向它低头——你越是配合它，你的问题就会越持久。

弄清楚让你产生恐惧的究竟是什么

我的一位幽闭恐惧症患者坚信，如果被困在电梯里，几分钟之后她就会因氧气耗尽而窒息死亡。她还相信，如果吃药的时候不小心被药噎到，也会很快窒息死亡。另一个得了血液和注射恐惧症的患者对我说：“别人给我打针的时候，我一定会失控，我会不停乱动，针头就会在我体内断掉”“有一节针头会沿着血管流到我的大脑里，引发脑部大出血”“验血的时候会抽很多血，我一定会晕倒”。

很多恐惧症患者都会有这类想法。在未得恐惧症的人眼里，这些想法荒诞而多余。美国心理治疗师阿尔伯特·埃利斯将恐惧障碍定义为“聪明人的愚蠢行为”[1]。这个说法虽然不怎么优雅，但是它说明的问题是存在的。

恐惧症患者不是对恐惧源不感兴趣，而是对恐惧源的理解不对，他们的理解过于偏激，过于肤浅。

偏激是因为他们只倾向于关注证明他们担忧的信息。飞行恐惧症患者只记得那几次严重的空难，他们对那些占大多数的顺利飞行不以为意；恐犬症患者只记得身边那些被狗严重咬伤的人的经历，而从不留意那些不咬人的狗或者轻微的咬伤；赤面恐惧症患者只记得被人嘲笑的经历，却忘记了那些根本没有注意到他们脸红的人。就如哲学家黑格尔所说，最好“聆听树林的生长，而不是大树的折断”。

恐惧症患者对恐惧源的理解往往是很肤浅的，因为他们回避那些让他们联想到恐惧症的信息。很多鸟类恐惧症和蜘蛛恐惧症患者对鸟和蜘蛛一无所知。他们会小心避开一切与之相关的报纸、书籍、广播电视节目。但这样做的结果是，他们继续生活在无知当中，也继续想象着各种危险，比如鸟受惊时会啄瞎他们的眼睛，蜘蛛只想着攻击人类。很多惊恐发作患者认为自己会精神失常，但精神科医生知道惊恐发作与精神失常并无关联。很多社交恐惧症患者以为别人无时无刻不在关注自己的表情，但是有关社交的研究证明，我们对面的交谈者并没那么关注我们的心理状态，我们观察他人的能力其实非常一般。

改变关注恐惧源的方式、获得完整的信息是非常重要的。没有无用的问题，要敢于向知道答案的人提问。我能被吓死吗？为什么蛇吐信子？狗能杀人吗？很多恐惧症的治疗方案都包含获取信息这一步骤。很多航空公司都会提议让飞行恐惧症患者在飞行员和空乘人员的陪同下参观飞机，并向他们解释这个庞然大物是如何在空中飞行的，遇到发动机故障时又会发生什么。一位患者曾向我讲述她的经历，飞行员告诉大家飞机正在勃朗峰上空附近飞行，一些乘客纷纷跑到接近勃朗峰的一侧观看。这位患者当时就被吓坏了，因为她坚信这些聚在飞机一侧的乘客会让飞机失去平衡，导致飞机向一侧坠落，并机毁人亡。其实，考虑到飞机的重量和飞行速度，这显然是不可能的。

很多患者根本不屑收集信息，因为这对他们来说是沉重的情绪负担，但他们不知道这也是面对恐惧需要做出的努力。

单凭这些信息不足以起到治疗的作用，但它们是治疗的必要前提。获得信息以后，恐惧症患者还需要亲自调查，证实信息的准确性。因为我们的情绪脑相信眼见为实。恐惧症患者最常问的问题及其理性答案如表 4-1 所示。

表 4-1　恐惧症患者最常问的问题及其理性答案

恐惧症类型	可能产生的担忧	理性答案
窒息恐惧症	我们可能被不小心噎死吗	不，除非你的年纪很大，或者你被告知有某种特殊病症
蜘蛛恐惧症	蜘蛛被激怒时会有进攻性吗	蜘蛛和你一样，只有一个想法，就是尽快逃跑。如果你不接近它，它一定不会攻击你。对它来说，你的体积太大了
冲动恐惧症	失控的时候我们会伤人或骂人吗	只有在愤怒的时候会，恐惧的时候不会
幽闭恐惧症	电梯（或地铁）被卡住时我们会缺氧吗	电梯和隧道里的空气能够流通。空气的质量可能不太好，但足够让你撑上几小时，虽然这不是什么让人愉快的经历，但此时的不舒服不等于致命的危险
溺水恐惧症	落水的时候如果我们惊慌失措，我们会溺水而死吗	成年人的求生本能一般能让人坚持到救援人员到来[①]
恐慌症[②]	惊恐发作时我们会精神失常吗	不会，我们可能以为自己会精神失常，但是现代精神病学从没报告过一例由恐慌引起的精神失常

① 尽管如此，我们也应注意游泳安全，远离河道，等等，以避免溺水，确保自身安全。——编者注

② 对不适和失控的恐惧症。

（续表）

恐惧症类型	可能产生的担忧	理性答案
雷电恐惧症	我在室内会被雷击吗	不会。这种情况在室外是存在的——站在空地或树下都可能遭到雷击。在极少的情况下，雷电会沿着电线、电话线或电视天线击中家用电器，但只要你不在雷雨天触摸家用电器，就一般不会有触电危险
社交恐惧症	别人会因为我脸红而看不起我吗	在大部分情况下，大家都能接受脸红[2]，当然，前提是他们能发现你脸红
恐高症	我们会在高处因眩晕而坠落吗	不会，但是大部分恐高症患者都会想象这样的画面。他们的担忧会形成非常可怕的联想
驾驶恐惧症	我们的身体会在驾车时突然出现问题，导致车祸吗	只有一些特殊的疾病会导致这种情况（无法根治的癫痫、发作性睡病①等）。如果你患有这些疾病，你应该会被告知无法驾驶汽车
其他恐惧症	我们会被吓死吗	如果你没有严重的心脏病或冠状动脉问题（你应该知道自己的情况），不会发生这种情况

不再害怕恐惧

“身体，你在颤抖。若你知道我将带你至何处，你将颤抖不止。”

① 一种持续终身的、以白天过多的睡眠为特征的原发性睡眠障碍。表现为突然和不可抗拒的发作性睡眠。——编者注

亨利・德蒂雷约曾对自己这样说。虽以勇猛著称，但每次上战场之前他都会感到恐惧，但他从未被恐惧吓退。这种精神特别适合恐惧症患者。感到恐惧是正常的。问题不是出在恐惧上，而是出在对恐惧的反应上，出现在面对恐惧时的惊恐情绪上。所以解决这个问题的方法不是尽力避免恐惧，而是学会不再害怕恐惧，逐渐控制恐惧，再循序渐进地减轻恐惧，克服恐惧。

恐惧症的治疗不仅仅是让恐惧症患者直面恐惧，也要让他们接受一定程度的恐惧。我们曾提到，治疗恐惧的过程就是逐步降低对恐惧的敏感性的过程，也是逐步调节失灵的警报系统的过程。恐惧是正常的。我们的目标不是消除恐惧，而是将它调节到一个有益的、不会影响我们生活的水平。

接受恐惧的训练之所以重要，还与恐惧回归时我们产生的各种负面情绪有关。接受恐惧，就是在面对恐惧时不再感到担忧、羞耻或难过；接受恐惧，就是不把恐惧当成性格和意志力的缺陷，而把它当作一个简单的、需要时间解决的问题。

不因恐惧而害怕

“当我再次感到心跳加速、心跳声在我耳边回响、呼吸变得急促时，我开始惊慌。我甚至不需要身临其境，只要想到那些被恐惧攫住的时刻，我就会惊恐不已。我害怕恐惧，就像动物害怕自己的影子。”

害怕恐惧、在恐惧来临前失控是很多恐惧症患者共有的现象。因此，他们会尽量避免恐惧的来临，因为恐惧一旦来临，他们不知道将会产生哪些后果。更有甚者，他们认为恐惧会造成精神失常、心搏骤停等。唯一能够解决这个问题的方法就是不断练习，在可控的情况下迎接恐惧，将自己暴露在恐惧中，以此进行治疗。

不因恐惧而羞耻

“到了我这个年纪，还为这么小的事害怕，这太不正常了。我感到自己软弱、可悲，没有任何意志力……”这类负面的自我评价在恐惧症患者中很常见。很多恐惧症患者对他们的病症感到羞耻，但如果是近视、糖尿病或者高血压，他们还会感到羞耻吗？不。然而，就像其他病的患者不该为自己的病负责一样，恐惧症患者也不该为其病症负责。不要对你的恐惧进行道德评判，把它当作一个需要解决的问题就可以。重要的问题不是“为什么我这么脆弱，这么胆小”，而是“我该怎样降低这种讨厌的恐惧的强度”。

不因恐惧而难过

“我本来已经有进步了，但忽然之间我又犯病了。我已经完全崩溃了，我对自己说，我永远都不会好起来了，我做的努力一定都会失败……”

对一些心理变化，人们还有很多误解。很多人相信会有一个“转折点”，让他们明白为什么会出问题，从而面对并解决问题。这是对心理治疗的一种误解。好莱坞电影应该对这种想法的流行负很大的责任。电影中的男女主角忽然间就能明白问题的来源，他们热泪盈眶（此时会有小提琴背景音响起），所有烦恼就此烟消云散。

真正的心理治疗根本不是这样的，它更像一个学习的过程，有点儿像戒烟或者学滑雪的过程。我们受挫，重新尝试，失败，尝试，终于成功……有时我们会泄气，但只要坚持，总会成功。忽然有一天，当我们在不经意间重新面对恐惧，会意识到之前的本能反应已经完全消失了。

有时努力可以带来一些改善，有时病情也会反复。昨天有效的方法今天不一定有效……恐惧的记性很好，它能在沉寂几年之后忽然归来，也能在你治疗成功、重获自由后再次袭来。我们一定要咬紧牙关，不要在恐惧回归时对自己说："完了，我没救了。"要对自己说："这不是恐惧症的回归，只是恐惧的回归。"

改变看世界的角度

"易恐惧"的反义词是"有勇气"还是"无知"呢？ 18 世纪的法国哲学家克洛德·阿德里安·爱尔维修（Claude Adrien Helvétius）说："勇气是轻视或者无视危险的结果。"恐惧症患者可没有这种心理缺陷！借用爱尔维修的话说，恐惧症患者的问题是过于了解危险的结果。

前文提到，恐惧症患者有提前感知危险信号的能力。虽然他们的感知常常是错误的，发出的警报是虚假警报，但若想理解他们对危险的反应，我们需要将之置于更大的语境当中。恐惧症患者看待世界的角度基于以下 3 种恐惧性担忧。

- 世界是危险的，我害怕所有事物（外部世界中到处都是危险）。
- 我不可靠，我害怕自己的反应（危险也存在于内部）。
- 我做不到，我缺乏自信（我只能通过逃避或回避生存下去）。

世界是危险的：灾难性联想的后果

恐惧症患者之所以害怕如此多的事物，是因为他们经常进行灾难性联想。他们总会在面对潜在的危险时预言灾难的发生，虽然这些预言往往不会成真。

- “鸽子受到惊吓就会在逃跑的过程中扑向我。它们会啄我的眼睛。这些动物又臭又脏，我被啄的伤口一定会感染，然后我就会失明。我还会得败血症。”
- “如果我把这扇门锁上，就再也出不去了。我会晕倒，没人知道我正在卫生间里垂死挣扎。没人能找到我的尸体……”
- “如果我问一个问题，我一定会脸红，所有人都会觉得我很愚蠢，并因此而看不起我。我会逐渐被冷落。我的朋友会笑话我，不理我。我会孤独终老……”

恐惧症患者产生灾难性联想的可能性非常大。这样做的后果主要有两个：导致逃避行为和造成痛苦。德国作家帕特里克·聚斯金德（Patrick Süskind）在《鸽子》[3]一书中对灾难性联想有非常精彩的描述。这部小说讲的是一个鸟类恐惧症患者的不可思议的故事。主人公在回家途中发现几只鸽子占据了楼道，他立刻开始联想各种可怕的灾难："一个鸽子的家庭住在你的房间里，把它弄得又脏又乱。旅店的费用涨得高不可测，由于苦恼你喝得酩酊大醉，越喝越多，喝光了你的全部积蓄，陷入酗酒的泥淖中而不能自拔，你会生病，堕落，身上长满虱子，穷困潦倒，被人从最后一家最便宜的小旅店里赶出去，身无分文，两手空空，站在大街上，住在大街上，睡在大街上，往大街上拉屎，你完了，约纳丹，不出一年，你就完了，你也会变成一个流浪汉，穿着破破烂烂的衣服，像他，你的这个穷困潦倒的哥们儿一样躺在公园的一条长凳上。"①

一个小小的问题被恐惧症患者扩大为巨大的痛苦，很少有文学作品能如此细致、精确而又生动地展示恐惧症患者的奇特视角。

通过思考和面对灾难性联想，认知心理治疗师把这种行为称作"现实的考验"，这显然是所有恐惧症心理治疗的基石。

但是有些恐惧症患者体会不到恐惧的"精神内容"，他们只能简单地感觉到一种有摧毁性的、发自肺腑的恐惧，但并不清楚，至少在恐惧发生时并不清楚，是什么引发了恐惧。他们的恐惧症同样令人痛苦。

---

① 帕特里克·聚斯金德．鸽子［M］．蔡鸿君，张建国，陈晓春，译．上海：上海译文出版社，2019.

我不可靠，我的反应对我不利：危险出于自我

我们已经提到过害怕恐惧的现象，也就是担心自己在恐惧的作用下失控的现象。对恐惧的恐惧是由一种被叫作“情绪思考”的心理机制造成的。在这种心理机制的支配下，患者将身体的反应误读为危险存在的信号。“如果我感到不适，那就说明危险存在，或者危险即将到来。”“如果我感到荒诞，那说明我很荒诞。”“如果我的心跳很快，那我很可能心脏病发作。”

就这样，从一种微不足道的不适感开始，恐惧症患者凭借其对身体感受的过度信任，跳入了错误解读或过度解读的圈套。分不清感受和现实正是恐惧症患者的矛盾之处。高敏感度的错误应用让他们在没适应环境的情况下直接进入恐惧状态。

我做不到：控制感缺陷

恐惧症患者常常坚信自己没有足够的能力面对恐惧。

如果无法逃避，他们会非常依赖外界的帮助。在极少的情况下，他们敢于面对恐惧，但他们会要求他人陪同，把手机放在身边，或者准备好药物，以防万一……

这也能解释为什么每当处在令人紧张的场合时，他们总能迅速找到所有紧急出口。幽闭恐惧症患者在走进电影院时能够立刻找到紧急出口，并且选择离出口不远的位置坐下；社交恐惧症患者想找一个售货员咨询商品信息

时，会花好几小时确认哪位售货员看起来更加友善，不会让自己吃闭门羹；鸟类恐惧症患者为了穿过鸽子遍布的广场，会躲在别人身后……

我的一位飞行恐惧症患者需要偶尔坐飞机去看望在北非居住的家人。每次坐飞机，他都会问空乘人员该航班是否有随行医生，如果没有，能否让他坐在一位爱聊天的乘客旁边，好让他忘记恐惧。

这些预防措施实际上只是程度较弱的回避行为，但它们无法让患者看到危险不存在的事实。即使这些行为与真正的逃避行为相比有一定的好处，它们能在一定程度上帮助患者面对恐惧，但我们仍要努力改变这些行为。

之前的恐惧，进行中的恐惧，之后的恐惧，永远的恐惧。越严重、复杂的恐惧症越能长久地影响患者的日常生活。即使并非处于恐惧的时刻，他们也会感到之前的恐惧、进行中的恐惧、之后的恐惧……

知道自己即将面对恐惧后，提前很久就开始恐惧，这是恐惧症患者的经典症状。我的一位患者告诉我，她头脑中简直有一个日程表，上面记录着各种风险。“所以，我提前半个月就开始失眠……我经常失眠……”

这种预期性焦虑已经为人熟知，但另一种同样重要的现象却很少得到关注，那就是面对恐惧后的多思多虑。我们早已知道抑郁症患者喜欢多思多虑。在遇到失败时，他们会想起过去的所有失败经历，这会让他们的消极情绪雪上加霜。恐惧症患者的记忆似乎也有此倾向[4, 5]。每当与他们聊起他们的病友时，我们都会观察到这个现象。他们储存了无穷无尽的回忆和故事，用以证实他们的恐惧。按时间发展排序的恐惧节点如表 4-2 所示。

表 4-2　三种恐惧节点

时刻	主导心理机制	后果
面对恐惧前	想象所有灾难性结果（灾难性联想）	预期性恐惧（焦虑）和脆弱性增强
面对恐惧时	把所有精力都集中在危险上（内部和外部危险）	恐惧增强，适应环境的能力变弱
面对恐惧后	回想那些让自己焦虑或伤自尊的事件	羞耻感，将脆弱性延续到未来的对抗中

按照治疗守则面对自我

“在地铁里，不要躲在角落，不要低头守在门前。走进一节车厢，把头抬起来，看着所有乘客，好像你在找人一样。到了下一站，下地铁，上另一节车厢，重复同样的行为。每天早晚如此往复半小时。乘火车时也是如此。穿过整列火车，经过每个车厢，扫视每位乘客，就好像在找一个熟人一样。夏天，每次经过咖啡馆的露台，我都停下来，扫视所有人，就好像在寻找一个朋友一样……”

我们经常让视线恐惧症患者做这样的练习。这是治疗恐惧症最基础也最必要的练习。不面对恐惧是不可能进步的。这种行为治疗技巧被称为暴露疗法。如果你有恐惧症，你可能需要在一位心理治疗师的帮助下进行这类练习。我们这里会讲到一些基础的治疗守则。要知道，这个治疗方法看起来简单，但如果想达到较好的治疗效果，还要遵守很多注意事项。

为什么要面对自我

法国作家纪德在《伪币制造者》一书中写道："经历的教益必多于建议。"想治愈强烈恐惧，靠智慧和建议是不够的，我们必须身临其境，才能学会调节恐惧带来的情绪，而不是一味忍受；才能学会用新的方式回应恐惧，而不是一味逃避；才能用新的方式思考和感知各种场合，而不是在没有确认危险是否存在的前提下坚信危险无处不在。

我们提到过，回避行为是如何将恐惧症变成慢性疾病的。心理医生在很久以前就已经发现，某些经常面对恐惧的患者最终会摆脱恐惧症。20 世纪初，伟大的法国心理学家皮埃尔·让内建议患者循序渐进地面对恐惧，这已经非常接近暴露疗法[6]。通过停止逃避达到对抗恐惧的目的，这一想法是符合逻辑的。恐惧症患者的亲友也常常建议或敦促他们"跳进水里"，勇敢面对恐惧。恐惧症患者自身也常常想要面对恐惧，但结果往往不佳。为什么这些努力达不到治疗效果呢？这些对抗恐惧的斗争，或主动或被动，都没什么用，因为对抗恐惧需要严格遵守一定的守则。

持久治愈恐惧症需要遵守的守则

要想有效对抗恐惧症，一定要严格遵守以下几个守则。

守则一，暴露时间要长。如图 4-1 所示，只有将自己暴露在焦虑中较长时间，恐惧才能逐渐减轻。在实际治疗过程中，我们一般认为至少将焦虑减少 50% 才能结束对抗练习。所以暴露练习一般要超过 45 分钟。我建议患者在单独做练习的时候预留一到两小时的时间。时间很长吗？确实很长。但是恐惧症是个全天候的疾病。如果你只花很少的时间去治疗，那么效果可想而知。实验证明，如果一个人暴露在恐惧水平中足够的时间，那么他的恐惧水平一定会显著下降。问题是恐惧症患者不愿将自己长时间暴露在恐惧当中，因为在他们的预期当中，恐惧会不断加强，直到不能忍受，或者恐惧会停留在最高水平，不再下降。于是他们认定，只有通过身体或精神逃避才能生存。这样的观念显然是错误的，但只要患者没有亲自证实，他们就会一直保持怀疑，会对自己说："如果我没逃跑，灾难一定会降临。"

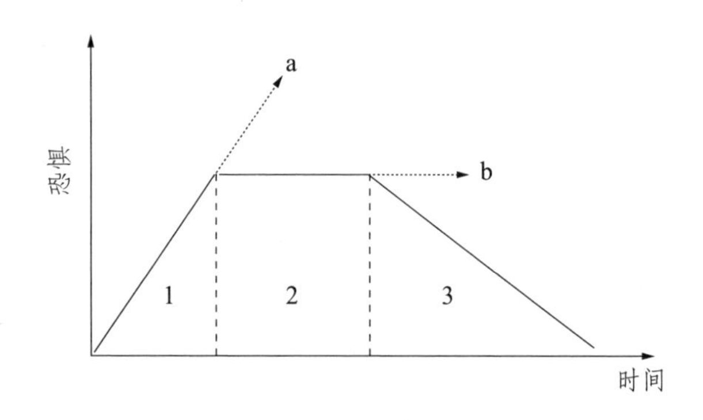

图 4-1　较长时间暴露练习中恐惧的强度

第一阶段：上升。第二阶段：稳定。第三阶段：下降
虚线：（a）恐惧的无限预期（灾难性联想）；
（b）对最高强度恐惧无限延续的预期

守则二，暴露要全面。暴露过程中要避免轻微的回避行为。动物恐惧症患者为了逃避恐惧，会避免直视恐惧源。惊恐发作症患者则会扶着家具，防止眩晕。社交恐惧症患者会为了避免沉默和避开他人的目光而过度讲话。轻微的回避行为数不胜数。每个恐惧症患者都应该学会找到自己无意识的回避行为，因为这可能影响治疗的效果。

守则三，暴露需要重复进行。若想有效治疗恐惧症，一次暴露练习是远远不够的，只有通过重复练习，恐惧的强度和持续时间才会下降（见图4-2）。这是因为你做出的努力能够通过神经可塑性对大脑突触进行改造。随着暴露次数的增加，焦虑的强度和持续时间都会减少。不要忘记，你要让自己的情绪脑逐渐相信危险是不存在的。这个学习过程和所有学习过程一样，需要重复进行。一次学习对克服恐惧症而言也是不够的，你要学会让你的恐惧反应消耗殆尽。我的一位患者在结束一个疗程的治疗时对我说，她要学会让恐惧“疲惫”。这也是为什么心理治疗师让患者每天都做练习，就像你的音乐老师留的音阶练习作业。若想取得进步，这些练习是十分必要的。

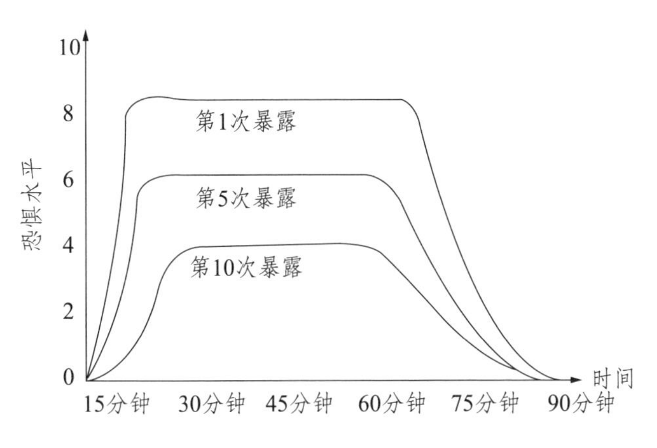

图 4-2　重复暴露期间恐惧水平的变化

守则四，暴露要循序渐进。我们一般建议不断加强暴露练习的难度。没有必要对自己过于严厉，这只会起反作用。如果对自己期待过高，那么你有必要把目标降低一些。你可以将所有目标列出，在根据目标的实现难度设置不同的阶段。比如，恐高症患者可以先试着站在椅子上，然后站在桌子上，接着爬到梯子上，站在阳台上、桥上，等等。恐惧症是由一系列习惯组成的，我们无法一下子改变所有习惯。就像马克·吐温所说："我们无法将习惯抛出窗外，但我们可以让习惯一阶一阶地下楼……"

下面是一个恐高症患者在渐进式暴露治疗中列出的清单。这些是我们在心理治疗时大致要做的练习[①]，患者也要在每个疗程中独自练习。练习的顺序由易到难。

- 每天早上和晚上从四楼的窗户往下看，看的时间要长，不要看几秒后立刻停止，要将身子探出窗外，直到不适感消失。
- 每次下楼之前站在楼梯上，不要扶着扶手。
- 在街上，头向后仰，看四周较高的建筑，即使产生了眩晕感，也要保持这个姿势。
- 站在一张椅子上，不要扶着椅子的靠背，站很长时间。
- 视线越过阳台的栏杆往下看，不要紧紧抓着栏杆。
- 爬到梯子的最高一级，不要用手扶着梯子。

---

① 此类练习应在确保安全的情况下进行。——编者注

治疗结束时，为了庆祝取得的治疗成果，我让患者和她的丈夫爬到埃菲尔铁塔的最高处。但这不是一个重复性练习，而是一个治疗成功的标志。是她与自己和解的标志。因为治疗的目的不是要你像恐惧压制你一样压制恐惧，而是学会与它聪明地共处。恐惧对你还是有些用处的。但你也要留意，它有些蛮横，因为它毕竟是个很原始的功能。

尊重你的恐惧并让他人也尊重你的恐惧

面对恐惧需要做出的努力比我们想象的还要微妙。治愈恐惧症不仅仅是克服恐惧，还涉及逐渐重建我们与恐惧之间的关系。这是一项持久的训练，需要我们了解自己的长处，知道如何积聚力量，学会自我尊重，知道如何激励自我但不过于苛刻。面对恐惧，最关键的一点就是要比自己的本能反应多努力一点，但不要用尽全力。还要记得，你的目标不是成为没有恐惧的人，而是成为一个不被恐惧支配的人。

还有另一点。复杂性恐惧症会侵占生活的所有空间，还会导致严重的自尊受损，甚至会引起抑郁[7]。你要记住，不要让恐惧症代替自己的存在。小组治疗时我总会对患者这样说：“你们不只是恐惧症患者。虽然你们的痛苦常常令自己忘记生活的其他方面，但你们只是受恐惧症困扰的正常人，除了恐惧症，你们还有其他特点和能力。不要只想着病症，也要想想你们自己！”

要学会尊重自己，这也会让你身边的人学会尊重你。你不需要隐藏自己的恐惧症，虽然很多恐惧症患者有这样的想法。阿涅斯是一位溺水恐惧症患者，有一天，她讲了这样一个故事：如果她的脚不触及游泳池底，她就会害怕自己溺水。于是我为她做了一系列的练习计划，让她去家附近的游泳池，试着在深水处逐渐离开游泳池边一米到两米远。她虽然很有勇气，但也不敢过于轻率，于是请求救生员对她加以留意。她说："您可不可以留意一下。我的脚碰不到游泳池底时会很害怕。"救生员人很好，但也有些家长作风。他问她会不会游泳。听说她会游泳，他说道："那害怕什么！"阿涅斯没有多想，直接回答道："我需要的不是心理医生，只是个救生员。我没让您帮我治疗心理疾病，只是想让您多留意，万一我溺水了呢。您下水救过人吧？好，我去游泳了……"听了她的话，救生员虽然有些不满，但也密切地留意了阿涅斯。

阿涅斯与她的恐惧症之间的关系很简单。她没有因为恐惧症而感到羞耻。她敢于寻求帮助，敢于反驳帮助她的人给出的家长式建议。恐惧症患者时常自问能否与人提及自己的病症、是该坦白还是小心掩饰。他们也不知道该如何说起自己的病症。通常情况下，最适合恐惧症患者的法则是选择简单的方法——在不贬低自己的情况下明确地陈述自己的病情。

然而，很多恐惧症患者都倾向于隐藏自己的病情。这么做常常是为了避免他人的道德审判或者无用的建议。他们听过无数次那些完全不合时宜的建议。他们会因为自己无法克服恐惧而感到低人一等，有些人也会觉得自己的病症与别人无关。需要知道的是，隐藏事实本身也会造成情绪内耗。一个心理学研究证明，当我们让一个人在面试时刻意回避某个话题时，他的紧张状态和情绪不适会明显增强[8]。你本来就需要集中全部精力来面对恐惧，不要再白白浪费精力去掩饰自己的恐惧症了。

那么，应该怎样说起自己的病症呢？做法其实很简单，你不需要把自己描述成一个重病患者或受害者。我们常和恐惧症患者做一些角色扮演练习，来测试在各种场合与谈话者提及恐惧症的方法是否有效。通常来讲，以下这些句子适合绝大多数场合。“我知道你可能觉得有点儿莫名其妙，你可能很惊讶，但是我在某些场合会感到强烈的恐惧。这些恐惧很难控制，就像哮喘或者偏头痛发作一样。我正在试着面对，但是目前我还无法完全控制。如果你想帮助我，你可以这么做……”恐惧症患者有权得到他人的尊重。如果你害怕猫或狗，可以平静地向猫或狗的主人解释；如果你害怕乘坐飞机，完全可以向乘务人员说明；如果你害怕当众讲话，可以大方说出来，这没什么不正常的。即使只有 1% 的人有这个问题，你也有权说出来，但不要以此为借口放纵你的恐惧。向别人坦诚的目的是，当你需要面对恐惧时，你能全神贯注，不被其他问题分心。

我的一位社交恐惧症患者是一个很大的药物实验室的医学代表。她与医生见面时基本没问题，因为见面都是一对一进行的。但是每周一她都要和地区上级以及十几个同事开会。这些会议让她非常紧张。她从来不敢发言，也十分害怕别人向她提问。时间一久，她越来越觉得吃不消，甚至考虑辞职。也是在这个时候，她找到了我，咨询我的意见。

我劝她不要因为这个原因辞职，这是向恐惧症屈服的表现。而且她很喜欢自己的工作，业绩也很不错。在讨论的过程中，她对我说，她从未向她的上级提起她的病态性临场紧张。于是，我们做了角色扮演练习来联想与上级提到此话题时的各种可能性。后来她去找上级谈话，向他承认了自己的恐惧以及开会时一言不发的原因：不是因为她不积极工作，而是为恐惧症所累。让她惊讶的是，他的上级听了她的话后如释重负，并向她承认他确实怀疑过她是否不喜欢团队工作。他还反过来讲了他临场紧张的经历。

思考你的恐惧的成因和功能

长久以来，心理医生在治疗恐惧症时提出的治疗方案总是“我们想一想过去发生了什么”。我们医院接待的很多患者都接受过“让我们谈谈你的童年”这种治疗。但这些做法治疗恐惧症的效果不佳。

过去的经历固然对我们很重要，也对我们理解恐惧很重要，但正确地利用过去的经历来治疗恐惧症更重要。思考过去是必要的，但也不要深陷其中，逐渐迷失自我……

要一直思考恐惧的历史

这样做虽然不足以治愈恐惧症，但可以让我们吸取经验教训，不再使病情加重，不再重蹈覆辙。这样做也能避免你通过言传身教将恐惧症传递给子女。和恐惧症的斗争总是在当下进行的，沉溺在过去无法让你摆脱恐惧症。

但你也不能无视过去，思考过去总是有用的。因为这能让你明白你是如何无意识地患上恐惧症并任其发展的。你要知道追溯恐惧症的形成历史是一个不确定且不精确的重建过程。它是由很多的解释性假设构成的。我们总在寻找一些简单的、连贯的解释，但现实是相当复杂的，包括前文讲到过恐惧症的多种成因。

得恐惧症有好处吗

当我还是个年轻的精神科医生时，比起研究恐惧症的治疗方法，我的同行们更喜欢研究精神疾病的“积极副作用”。这也许是因为当时并没有十分有效的恐惧症治疗方法。这样做的结果是，他们并没有参与恐惧症的治疗，但见证了恐惧症在患者身上的发展。

“积极副作用”的概念建立在以下假说上。恐惧症带来的好处远远多于坏处；过度恐惧可以让患者得到更多保护，也可以惩罚和干扰他们的亲友。按照这种理论，广场恐惧症的女患者可以得到家人的时刻陪伴，甚至以此为由让家人牺牲自己的生活，这样可以在无意识中满足善妒的丈夫……

应用此类理论治疗恐惧症的后果是，恐惧症患者失去了他人的尊重。重视他们也许是个错误，完全不重视他们也是一个错误。恐惧症是有好处的，但我的患者中没有一个不想治愈恐惧症。所以，你遇到持有“积极副作用”这类观点的心理治疗师时，请务必谨慎对待。

恐惧症有隐藏的意义吗

对一些人来说，恐惧症是有一定意义的。它是无意识就我们生活中某些没有解决的问题传达的消息。

拉康精神分析理论以及自诩心理治疗的文字游戏让心理学雪上加霜[9]。多少恐惧症患者成了被困在诊疗椅上多年的受害者。

我的一位窒息恐惧症患者接受过类似的治疗。她的心理分析师认为她的恐惧症来自某些非常艰难的经历。我们可以注意到，这种说法甚至没有任何风险——谁在人生中没有过一些艰难的经历呢？这位患者白白浪费了很多时间，病情却毫无好转。

我最近接待了一位患者，她害怕当众失禁，这是严重社交恐惧症的常见症状之一。她也咨询过精神分析师，并从第二次谈话（也是最后一次谈话）中得到了无稽的解释。对方说："您不尊重自己已经到失禁的程度了吗？"这样的心理治疗没有一点儿作用。这位患者在之后的十年间一直拒绝任何心理治疗，因为她坚信所有的心理医生都是这样的。但幸运的是，她的想法是错误的。靠谱的心理治疗师和精神分析师还是存在的。

这种将恐惧症看作内部精神斗争的视角是精神分析理论的主要出发点。虽然这种疗法没有效果，但它诗意和神秘的一面吸引了很多作家，又经过他们的演绎而广为人知。斯蒂芬·茨威格的短篇小说《恐惧》就深受精神分析理论的影响。这篇小说讲了既是大资本家又是焦虑恐惧症患者的伊蕾娜·瓦格纳通奸的故事[10]。"当伊蕾娜从她情人的公寓里走出来时，一种不理智的恐惧席卷了她的全身。一个黑色陀螺在她眼前旋转。她的膝盖发软。她不得不把着楼梯扶手才不至于摔倒……恐惧在外面迫不及待地等着她，等着攥住她的心脏。才下了几级台阶她就已经开始气喘吁吁……你认为……是恐惧……阻止人前行吗？还是……羞耻心……不愿展现给世人的羞耻心……”茨威格认为自责是伊蕾娜的恐惧源头。

也许这种说法有时是合理的，但有时又是完全不合理的。这种通过内部精神斗争来理解恐惧症的方法的问题是，我们能找到很多原因。而且这些内部精神斗争造成的可能只是整体的焦虑状态，并没有什么特殊的象征意义。如果一个恐惧症患者有感情或者情欲问题，没有什么能证明这些问题是其恐惧症的来源，但是恐惧症有可能使他的其他问题恶化。

照顾好自己

下面几个小建议不足以治疗恐惧症，也不是完全必要的，但也有可能帮助恐惧症患者。就像在一根绳子里，每一股细线都无法产生显著的效果，但当它们卷在一起时，就可能是有效的。这个原则很简单：对身体有益的做法一定对治疗恐惧症有好处。

体育锻炼

无论哪种体育锻炼都对恐惧症患者有好处。原因很简单，规律的体育锻炼能提高人的生活品质[11]。

体育锻炼还有助于改善心情。我们知道体育锻炼可以提高人的士气[12]。但是体育锻炼需要有规律地重复进行，而且不要期望奇迹发生，要把它当作一种长期投资。

体育锻炼对于焦虑型高敏感，也就是我们提到过的“对恐惧的恐惧”有特殊的效果[13]。体育锻炼能够让人产生与恐惧类似的生理感受，比如心跳加快、呼吸加快、出汗等。熟悉这种感觉可以让焦虑场景造成的反应减弱。对于那些害怕自己某些生理反应的患者，比如惊恐发作患者，一些高强度的体育锻炼非常有必要。但这对他们而言也很难，因为他们害怕高强度的锻炼会引起不适。心理治疗师这时应该变身“健身教练”。我经常和患者一起比赛跑步、跳绳（这些训练都能迅速加快心跳，拳击运动员最了解这一点）。有时我让他们迈大步爬医院的楼梯。最合适的强度大概是每个星期做三次走路运动，每次半小时，当然，走得越快越好。走起来吧！

饮食

目前还没有能治愈恐惧症的饮食。

有些研究证明欧米伽 3① 可以调节情绪[14]，也许我们可以期待它对恐惧症有效果，但目前我们还无法确定。欧米伽 3 主要存在于食物中，我们的身

---

① 一组多元不饱和脂肪酸。

体无法合成。富含这种不饱和脂肪酸的食物包括深海鱼类（三文鱼、金枪鱼等）、核桃、菜籽油以及一些蔬菜，例如马齿苋、菠菜，等等。

我们能确定的是，有些食物是要避免摄入的。有的食物有明显加强焦虑的作用，比如咖啡可以提高对恐惧的敏感度。如果你摄入了很多咖啡，你会感到恐惧增强并且很难控制。过量的咖啡还会让人成瘾、保持紧张状态。事实上，恐惧症严重的患者一般会避免喝咖啡，因为他们受不了咖啡造成的生理反应。但也有很多人过度摄入咖啡，这导致他们的情绪进一步恶化。

压力会加重恐惧

所有恐惧症患者都知道自己的病情忽好忽差。有时候恐惧感似乎没那么严重，有时候强度忽然大幅增加。能够解释恐惧感波动的一个原因是整体压力的变化。生活中的压力越大，恐惧带来的困扰就越大。

交感神经是压力感知的组成部分，交感神经的激活可刺激焦虑感的产生。如果压力很大，那么其他让人不太舒服的经历就会造成更深刻、更持久的影响。很多恐惧症患者在讲述第一次惊恐发作的经历时都会提到，那个时期他们承受着很大的压力，比如分手或生活变动[15]。所以，你越是感到压力大，你经历的恐惧对你造成的影响就越深刻和持久。这也是为什么控制压力能间接地帮助恐惧症患者。

学会放松

恐惧症是典型的身心失调疾病。很多恐惧症的症状都会通过身体表现出来。这些身体表现又反过来强化心理症状。阻断这样的恶性循环非常重要。

为什么放松，如何放松

恐惧症患者的身心常常过于紧张[16]。放松练习可以让他们学会强化作为“情绪刹车”的副交感神经系统。引起身体紧张的交感神经系统能被副交感神经系统制约，而放松练习能够激活副交感神经系统，这有利于舒缓身心，放松肌肉，减轻其他能够引起恐惧的症状。

放松很有用，但光靠放松无法达到治疗的作用。放松是提高生活质量、调节情绪的工具。恐惧症患者需要对此进行长期练习来对抗恐惧爆发。

最简单的练习以意识到身体的感受为主，经常做一些放松练习（深呼吸、保持舒适的姿势），能够降低焦虑水平，尤其是在压力比较大的阶段。这些练习也叫“微放松练习”[17]。

复杂的练习相对更全面，但需要患者学会自主放松。放松的次数越多，就越容易进入松弛状态。我们的身体可以记住放松的状态，虽然它更倾向于记住紧张的状态，因为我们的本能反应总是优先考虑生存而不是生活质量。

强烈的身体紧张感更容易使焦虑发作，因此，降低交感神经的兴奋水平可以帮助恐惧症患者远离危险区域。

这里要注意的是，放松练习的目的并非完全消除焦虑感。所以，当恐惧回归时，不要认为放松练习失败了或者没用。你应该把放松练习当作改善生活整体质量的一个工具，而不是心理治疗的一个步骤。

持久地努力

恐惧症可以治愈吗？有一天我们能够摆脱所有的恐惧吗？我们是否需要接受一点点的恐惧倾向？这些都是我们探讨治愈恐惧症时遇到的困难。我们将在下一章做出详细的介绍。

事实上，我们似乎永远都是“前恐惧症患者”。强烈恐惧的经验会持久存在，最后变成我们无法改变的一部分。另外，引起恐惧症的脆弱情绪也不会被轻易改变。但最重要的是，我们克服恐惧的技能就像骑车一样不会被忘记，而且，骑车的频率越高，这项技能就越难以忘记。

我们对前恐惧症患者的跟踪记录显示，绝大多数能长期努力的患者都能有效保护自己不受恐惧回归的干扰。因为随着时间流逝，某些对抗恐惧症的努力已经变成生活的一部分。

以一种“心理情绪体操”的方式继续做恐惧暴露练习是最有效的方法。我们鼓励前恐惧症患者时常面对他们“最喜欢”的恐惧。例如，社交恐惧症患者可以在治疗结束时参加话剧演出，或者参加一些需要他们在公众面前讲话的活动。惊恐发作症患者则坚持在人群中行走、在星期六上午去超市，或者在每年的折扣季去商场购物。鸟类恐惧症患者可以去广场上喂鸽子……

这些“加强针”对于治疗效果的保持起着很重要的作用，也能有效预防病症的复发。它可以强化恐惧症的愈合机制。说到底，这些练习的最终目的是让生活经验滋养我们而不是削弱我们。没有理由存在的恐惧（在不存在真正的危险或即使危险存在也不会立即发生时仍感到恐惧）本来就是应该消失的，即使某些痛苦的经历给我们留下了深刻的印象，但是当我们再次面对某些场合，而危险并没有降临时，恐惧就该逐渐消失。所以，我们即使被狗咬过，也不该患上恐犬症。恐惧症的机制使我们的恐惧无法被克服，而我们努力的目的就是战胜这些恐惧。

我们的前恐惧症患者们在面对恐惧时变得越来越坚强。有一位患者从很严重的惊恐发作中走了出来，他每年都会仪式性地与我见面。虽然已经取得了巨大的进步，不需要再和我见面，但为了让自己放心，他保持了这个习惯。有一天，他将心理治疗的过程与防震建筑的建设过程相比，他说：“以前每当惊恐发作，我就会崩溃。现在，我就像一幢可以承受地震的楼房。有时我能感到脚下的震动，但震感很快就会消失。好几次都是这样的。我听从了您的建议，经常面对自己的恐惧。我知道我坚持住了，于是不害怕了。我决定从此不再害怕，不再生活在对恐惧症复发的担忧中。我要享受生活……”

第五章

战胜恐惧症

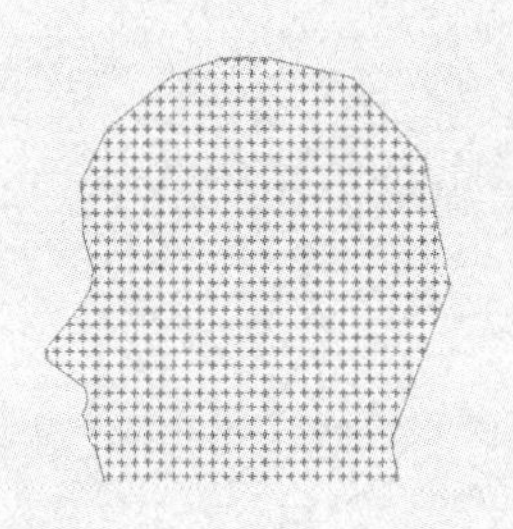

治愈恐惧症意味着什么?

治愈意味着重新找回行动的自由,无须再向恐惧让步,无须习惯被恐惧支配。

治愈也意味着学会在将来对抗恐惧。因为恐惧的记性很好,它总是试图回归。

恐惧不是什么非物质的现象,它隐藏在人的大脑之中。因此,治疗时也要考虑过度恐惧的生理因素。

一些研究显示,心理治疗对恐惧症也是有效的。我们可以通过一些努力来改变大脑结构。这被称作大脑神经可塑性,是对抗恐惧的最佳方法。这也是恐惧症患者的佳音。

“以科学明理，以医学治愈，这再好不过；但若以科学行骗，以医学谋杀，这是在作恶。因此我们要学会区分二者。”

——让–雅克·卢梭，《爱弥儿》

如果你患有严重的恐惧症，你可能需要向心理医生求助。矛盾的是，当你开始寻找心理医生时，又会出现新的问题，怎么才能找到好的心理治疗医生、进行有效的心理治疗呢？

假如你得了心脏病，你咨询 10 个心脏科医生，他们给出的意见和治疗方案会基本相似。但如果你出现了心理问题，你去看 10 个精神科医生、心理治疗师和心理医生，事情就会变得很复杂。因为这 10 次谈话的结果会让你得到完全不同的意见和治疗方案。

乐观者会说拥有多种意见是好事，总有一种能够治病。悲观者则会强调这种情况造成的问题。

患者会在多种治疗方案中迷失，因为每种方案都遵循不同且难以预料的逻辑，他们有理由质疑治疗方案的有效性。另外，很多反对心理学的人利用这种模糊的情况得出“心理学不是真正可靠的科学”这种结论。很多心理治疗专家不负责的行为也让情况变得十分复杂。他们将自己的治疗方法视为唯一有效的方法，认为其他方法都是无效甚至有害的。这是心理学培训造成的，在大学教授心理学的教师并不把重点放在拓宽学生的视野上。这也是治疗人员视野的局限性造成的，一个流派的治疗人员经常接受其他流派没能治愈的患者，因为治愈的患者也不会去他们那里寻求咨询……

回到我们的重点——恐惧症患者上来。他们的愿望是很简单的，就是治愈病症。但是心理学中治愈这个概念恐怕没那么简单。

恐惧症能治好吗

治愈不仅仅意味着症状的消退或消失，还意味着患者在病症复发时知道如何去面对。

由于恐惧症与生理结构息息相关，它常常以慢性疾病的形式存在。恐惧症的治疗也需要经历较长的学习过程。这也会影响我们定义恐惧治愈的方式。

治愈首先是症状的减轻或消失

治愈的第一标准是症状的明显减少和强度的明显下降。在所有症状当中，对患者造成最大困扰的，也是患者最希望克服的是情绪反应（恐惧感或羞耻感）和行为反应（回避行为）。比如，鸟类恐惧症的治愈并不意味着患者对鸽子的恐惧完全消失。患者还是有一点儿恐惧，但这种程度的恐惧不会导致回避行为（“我不再为了避开鸽子而远远绕到广场的另一边”），也不会造成无法面对的情况（“一只鲁莽的鸽子离我过近或者飞入了我孩子的沙盆中，我可以把它赶走而不会被吓得瑟瑟发抖”）。

但还有另外的问题。我们需要让症状完全消失吗？治愈恐惧症是否意味着从此再也感受不到恐惧了呢？

不，治疗的目的是将恐惧的强度减轻，让恐惧能够被克服。因为恐惧症患者的问题不是恐惧本身，而是无法控制恐惧的事实，也就是面对恐惧时的脆弱。

治愈是学会面对恐惧

治愈的第二个标准是具备了应对恐惧复发的能力。恐惧回归常使恐惧症患者感到气馁，好不容易取得了进步，新一轮的惊恐发作却让他们心神不宁，让他们重新开始逃避。这是一次性复发吗？还是说之前的努力都白费了？不，恐惧回归是恐惧症治愈过程中的正常现象。恐惧不会被一举消灭，总会有新的爆发，但是频率会越来越低，强度越来越低，影响也越来越小。

以与广场恐惧症有关的惊恐发作为例。治愈意味着患者不再感觉到惊恐发作，但在这之前，他首先要能够在惊恐发作时迅速抑制恐惧，尤其是在疲劳或者压力较大的时期，他要能够在恐惧回归时阻止恐惧演化成惊恐发作。

这意味着恐惧症患者已经积极参与了治疗过程，也意味着他明白恐惧的机制，在治疗师的指导下进行过实践，能够成功控制恐惧。仅靠药物或者非常罕见的自发性的症状缓解从一定程度上可以减轻患者的痛苦，但按照我们的标准，这不属于治愈。

目前有什么治愈恐惧的方法

鉴于恐惧症的复杂性，用于治疗恐惧症的方法也有很多。每种方法都有可能治愈恐惧症。有的恐惧症患者虽然没有进行心理治疗，却也通过个人努力治愈了自己的病症。

恐惧症患者有权知道什么方法对他们是最好的，什么方法应该优先尝试。因此我们应该研究怎样评估各种治疗方法，从而回答患者的疑问。

有关药物的问题主要有以下这些。这种成分对于恐惧症的各种症状有什么作用？会对我有镇静作用吗？能够让我面对恐惧吗？药物会有副作用吗？停药以后我还能自主控制恐惧吗？目前，法律要求所有制药公司回答以上问题。也就是说，药品应用在恐惧症治疗以前必须经过很严格的药效测试，且必须在医师治疗下服用。

有关心理治疗主要有以下问题。疗程有多久？有效性如何？效果是否持久？有多少像我一样患上恐惧症的患者通过心理治疗痊愈了？让人吃惊的是，法国目前还没有有关心理治疗有效性的评估，而心理治疗的出现比药物治疗要早很多！然而，这样的评估对于患者来说是至关重要的。否则，他们只能相信治疗师的诊断。幸运的是，情况现在已经有所改变。法国国家健康与医学研究院发表了一篇关于心理治疗有效性的报告[1]。报告总结了相关研究，并再次提醒我们，恐惧症的首次治疗应该考虑认知行为疗法（TCC）。这不能说明其他疗法是无效的，目前我们能确定的是，其他疗法的疗效明显低于认知行为疗法。所以治疗时应该首先考虑认知行为疗法，如果无效，再考虑其他疗法。

目前，只有药物疗法和认知行为疗法这两种治疗方法能够被证明有效，这可能是因为这两种方法都作用于恐惧症的生理因素[2]。药物的化学成分可以直接作用于大脑，而心理治疗的疗效则是革命性的发现。与药物疗法相比，认知行为疗法的好处是，生理结构的改造是自我产生的，仿佛身体内部产生了药物。心理治疗如何达到改造大脑结构的效果？这是最近几年精神学科取得的最大进展……

治愈的必要生理途径

我们已在前文提到恐惧症的来源，在这里我们简单地回顾一下。一是大自然让我们天生害怕一些事物（动物、高处、黑暗、陌生人）；二是基于人类特有的脑部结构产生的恐惧；三是基因的偶然性使我们中的一些人能够感受到“强烈的恐惧”；四是这些恐惧症是负责正常恐惧的脑回路失灵造成的，这些脑回路极易激活，但是很难调节，就像过敏源于免疫系统失灵，高血压源于血压调节失灵。

通过治疗大脑治疗心灵

大脑虽然非常精密复杂，但仍是我们身体的一个器官，我们的思想和情绪在这个物质基础上产生。神经元（我们大脑中的细胞）通过突触（连接神经元的物质）进行信息互换。有效的治疗一定要像药物一样直接作用于生理因素，比如认知行为疗法。

前文提到，恐惧症的失调可以总结为杏仁核和前额叶皮质的对话失灵，其中杏仁核是恐惧生成的中心，而前额叶皮质是负责正确处理恐惧的结构[3]。神经科学中与情绪障碍治疗有关的研究[4]证明，仅仅通过思考或聊天是很难治疗恐惧症的。谈话治疗对恐惧症几乎毫无效果。因为谈话治疗无法改变杏仁核，也无法重置突触，所以无法改变杏仁核和前额叶皮质之间的大脑神经可塑性。如果想治疗像恐惧症这样的严重情绪障碍，不改变脑结构是不行的。

通过心理治疗改变脑结构

有效的心理治疗可能是那些通过激活情绪而重置突触的治疗方案。所有治疗恐惧症的方案都应以情绪经历为出发点，但治疗不等于简单地“释放情绪”，或者是通过强烈地感受情绪取得进步。很重要的一点是，面对恐惧的痛苦经验一定要在某些行为的框架中获得，这也是认知行为疗法的基础。恐惧一旦被激活，认知行为疗法会提供减轻恐惧和排除恐惧的策略[5]。

认知行为疗法中的练习需要重复进行。因为在大脑各部分的交互联结中，杏仁核明显占上风。也就是说，从杏仁核到大脑皮质的联结很多，而从大脑皮质到杏仁核的联结较少。因此，杏仁核很爱和大脑皮质“交谈”，却很少听大脑皮质对它的指示。

为了克服恐惧，我们需要召集这两个脑结构，并对它们进行不同的处理。根据大脑神经可塑性理论，新的联结会逐渐出现。行为疗法的目标就是帮助患者面对恐惧，并通过日常练习培养他们控制恐惧的能力。在治疗结束后，他们可以继续进行这些练习。这就好像糖尿病或高血压患者一直保持一定的饮食习惯一样。这种疗法虽然不甚诗意，但确实有效。

讽刺的是，精神分析师曾经认为认知行为疗法的效果浮于表面，复发的概率很大，而精神分析能够治本。但事实正好相反，精神分析只考虑到大脑皮质，完全忽略了情绪脑和身体反应。他们认为，认知行为疗法只是一个简单的学习过程、调节过程。事实上，认知行为疗法确实需要学习，但是学习的内容多而复杂，包括情绪学习、心理学习、行为学习等，根本不是他们所说的简单的学习。最重要的是，认知行为疗法能够治愈恐惧症。我的一位患者尝试了这两种疗法。他说：“精神分析确实诱人，但认知行为疗法才能真正治愈恐惧症。”

影像学证据

如今，我们可以通过神经影像证明认知行为治疗带来的生理改变，也可以看到生理有效性和现实有效性的关联。更有意义的是，一些研究认为认知行为疗法能够有效作用于大脑结构，它的有效性甚至高于药物治疗。即使是对一些严重的心理疾病，比如重度抑郁症[6]或者重度强迫症[7]，认知行为疗法也有一定的效果。与恐惧症有关的研究最先是在蜘蛛恐惧症[8]和社交恐惧症[9]患者身上实现的，对其他恐惧症的研究还在进行中。其研究结果能够逐渐证实认知行为疗法对所有情绪障碍的疗效。情绪障碍也就是我们调节情绪功能的失灵。其中，抑郁症是我们调节忧郁情绪功能的失灵，恐惧症是我们调节恐惧情绪的失灵。因此，心理治疗完全可以改变我们的大脑结构，包括负责调节过度恐惧的大脑结构。

药物治疗恐惧症

不同于治疗抑郁症的“抗抑郁药”，目前还没有专门的“抗恐惧药”，我们也最好不要把药物当作治疗手段，而是当作帮患者改变行为的工具。让他们不再逃避，面对恐惧源，改变看待世界的角度。药物只是一副拐杖，虽然有用，但无法替代个人努力。这对于其他病症也是一样的，高血压、哮喘等慢性疾病也都需要患者改变生活方式。

所有精神药物的服用都应该与心理治疗同时进行。心理治疗应基于目前最有效的日常练习和行为治疗。治疗严重恐惧症则需要采用真正的认知行为疗法。

认知行为疗法

认知行为疗法曾长期被当作一种“学习”疗法，甚至“驯服”疗法。然而这也是治疗严重恐惧症的最佳疗法。比起其他疗法，认知行为疗法对恐惧症的研究更深，能够减少恐惧对患者的影响，让患者重新获得行动自由和自尊心。而且，这种疗法的副作用也最小，患者不会对治疗或者治疗师产生依赖。

什么是认知行为疗法

认知行为疗法是近十年内恐惧症初次治疗最为推荐的疗法[10]。这种疗法源自实验心理科学的研究数据，疗法本身也采纳了系统评估治疗结果的方法。因此，这种技术不限于固化的知识。随着实践不断进步，十年前广泛应用的方法可能如今已经不被采用，而新的方法也出现了……

认知行为疗法注重的是症状和环境适应练习，而不是对个人过去的理解。治疗师为患者提供信息和建议，让其在治疗时和治疗间隙做练习。练习的目的是让患者能够独自面对恐惧，从而获得自主能力和尊严。

认知行为疗法的逻辑是为患者指明方向，让他们走上自我治愈的道路。恐惧症的内在逻辑常让患者做出加重恐惧症的行为，比如逃避或扩大恐惧……在这种情况下面对恐惧是毫无益处的。认知行为疗法的目的是让患者能够从面对恐惧中受益，而不陷于创伤和无力感中，进而让患者在没有治疗师的情况下独自改进。治疗师将自己置于教学者的位置，教患者如何有效使用治疗方法。一旦患者掌握了这些方法，治疗师只要鼓励他们继续努力即可。没有什么比认知行为疗法更简单的了！患者往常会从其他途径得到一些建议，但现在，建议直接来自自身的实践。我的一位患者曾向我做出绝佳的解释："在治疗中，您给我的建议其实我在别的地方也得到过，但只有在您向我直接展示时，我才真正明白了。"

常识的好处

认知行为疗法在很多人眼中非常简单：循序渐进地面对造成恐惧的事物。这不是常识吗？是的。但奇怪的是，长久以来，这个常识并没有被心理治疗采纳。很多治疗师宁可选择将患者引入歧途，让他们不要把注意力集中在治疗或者使症状消失上，他们甚至会嘲笑同行的"治愈妄想"，但就是不愿采取这个方法。哲学家雷蒙·阿隆曾提到"常识的微笑"。另一位几乎被遗忘的作家弗朗克–诺海因曾写道："常识做不出多大的贡献，但它能够阻止蠢事的发生[11]。"在心理学领域，常识在很长时间内都被排除在外。现在常识终于归来了，这是个好消息。

很多偏见都与常识相反，例如"痛苦让人成长""痛苦让人变得有创造性"这些说法。我看过一位导演的一个访谈。他是个严重的焦虑症患者。采访者问他焦虑是不是他灵感的来源。他礼貌而又坚定地回答说："我不认为越焦虑的人越有创造性。相反，如果你心态平和，你的创作会更棒。我从来没有为我不焦虑的想法而焦虑[12]。"

首位接受行为疗法的患者

我们一般认为，基于科学心理学数据的现代行为疗法始于 1924 年美国心理学家玛丽·琼斯治疗一名儿童的案例[13]。皮特是个 3 岁的小男孩。他有兔子恐惧症，也有较轻微的老鼠恐惧症和青蛙恐惧症。玛丽·琼斯决定同时使用两种技术：循序渐进适应技术和模仿技术。

在治疗过程中，小男孩坐在高脚椅上，进行一些愉悦的活动，比如玩耍或者进食。同时，一只装在笼子里的兔子被带进他所在的房间。最初，小皮特会表现出恐惧，后来逐渐习惯了。随着治疗的推进，兔子越来越接近皮特的椅子。有一次治疗时，3 个与他同岁的儿童被邀请在他面前与兔子玩耍。四十多次治疗后，皮特已经可以和兔子亲密玩耍了。他对其他小动物的恐惧也消失了。在几个星期的跟踪过程中，疗效得到了很好的保持。

但仅用一个治愈案例很难证明其普遍的疗效。

如何科学评估心理治疗

设想你发明了一个治疗恐惧症的革命性疗法。你首先要在数量较少的患者身上测试。效果似乎不错，但是他们的情况真的有所改善吗？你说了不算（你不能既当法官又当被告），只有患者（通过自我评审表）和其他心理治疗师（也就是评审者）说了才算，当然，他们的评审标准也要通过科学的方法制定。即使最初的评审结果似乎能够证实疗法的有效性，但也要验证疗效是真正来自这种疗法（特殊因素），还是来自你对患者的聆听和支持（非特殊因素）。所以你还要进行一组“控制”研究，也就是说，你要将数量足够多的患者分为两组，一组患者接受这种疗法的治疗；而另一组作为对照组，只能获得支持治疗（他们也由同一个治疗师治疗，但是治疗师只会聆听和鼓励他们）。如果接受这种疗法的患者的治疗结果明显好于对照组患者，那才说明你的方法很可能真的有效。

现在你需要准确地描述你的治疗方法，好让其他治疗师能够在同类患者中重复使用。如果其他人使用这种方法效果良好，才可以证明你的疗法的有效性与你个人魅力无关。只有这时，科研领域才会承认你的疗法的创新性和有效性。因此，一个疗法若想被学界认可，有很长的路要走。

目前，只有认知行为疗法获得了学界认可。

证据和争议

证明认知行为疗法对于恐惧症有效性的研究有十几个[14]。跟踪研究[15]甚至显示，治疗几年后，在那些经常使用在治疗中学到的心理和行为方法的患者中，治疗成果仍能得到很好的保持。因为他们能够利用这些方法较早地察觉前驱症状，从而有准备地面对恐惧回归。

无论如何，精神分析师预言的症状替代（“湿疹症状取代了恐惧症症状”）和系统性复发（“如果深层问题没有解决，病症一定会复发”）都没有得到研究的证明。如果这种情况真的存在，那也一定不是主流情况。每种疗法都有失败的情况，精神分析也是如此。相关研究证明，曾经接受精神分析治疗、被当作精神分析治疗案例的患者，最后治疗几乎都失败了。他们的症状要么没有改善，要么很快复发了，有时病情甚至会恶化[16]。

认知行为疗法使用的技术

认知行为疗法使用的主要技术包括暴露治疗（主动面对恐惧）和认知重建（改变和批判思维方式）。其他治疗技术也与这两种方法相关：放松和呼吸控制（在恐惧感非常强烈时，我们让患者练习通过这种技术减轻恐惧感）以及自我肯定（通过角色扮演学习表达自己想做的事情和自己感觉到的情绪）。这些技巧能够帮助恐惧症患者在某些场合重新获得控制感，从而不再被一些无法控制的、受制于他人的，甚至是想象出来的身体感受所淹没。

暴露练习是什么

我们在前文已经提到暴露练习的主要原则。这项技术让患者面对逐渐增强的恐惧源。治疗开始时，患者无须在暴露于恐惧源时达到彻底放松，只要面对恐惧源即可。随着治疗的推进，患者的恐惧至少应减少一半。

恐惧暴露可以在想象中进行（心理画面暴露），接下来，患者可以在真实的环境中进行 。治疗师一般比较偏向于真实环境练习。这也是目前治疗恐惧症最常用的技术。

每次暴露练习要长达一小时。在患者的恐惧显著减少之前，治疗师最好不要让其停止练习。练习中，患者应将注意力集中在恐惧源上，并尽量避免注意力转移（想其他事情、看别的地方等）。转移注意力的行为会影响暴露治疗的效果[17]。治疗师一定要把患者的注意力重新拉回恐惧源和恐惧情绪上，尤其是那些让他们感到焦虑的场合。

另外，在暴露练习中，治疗师常常要为患者做榜样，先在患者面前完成预先制定的任务，再让患者根据治疗师的示范进行练习。

暴露练习看起来简单，实际上需要治疗师以丰富的经验进行引导。治疗师不能忘记暴露练习对患者产生的压力，所以一定要循序渐进地进行治疗。

我有一次难以忘记的经历。当时我在培训一批社交恐惧症治疗师。当我讲完暴露练习的几个原则时，一位治疗师请求发言。他情绪激动地讲起了自己的故事："我明白您的意思。我的爸爸是个社交恐惧症患者。我妈妈去世的时候他非常伤心。他也很快明白了从此再也无法躲在我妈妈的身后了。我妈妈葬礼那天，他和 200 多个参加葬礼的人握了手。所有的人，包括我都认为他的社交恐惧症就此消失了。"我的这位同行哽咽地说："第二天早上，当我去找他的时候，他去世了。我本以为是伤心导致了他的死亡，但其实，他握的 200 多只手、看的 200 多张脸和对哀悼做出的 200 多次回答也加速了死亡的发生。从此，每当我为患者做暴露练习时都会特别小心谨慎……"和其他所有疗法一样，暴露疗法不该过量使用，尤其是在患者非常脆弱的情况下。

暴露练习的主要方法

暴露练习有多种方法。我们会在下文就不同恐惧症进行分别讲解。不同的暴露练习有着共同的目标，就是降低患者对恐惧的敏感度，类似于对过敏患者的脱敏治疗。

场景暴露练习是最经典的练习。我们会邀请患者面对让其恐惧的事物，比如让注射恐惧症患者摆弄一个针管，让动物恐惧症患者接近动物，让电梯恐惧症患者坐电梯，让社交恐惧症患者进行公共演讲。治疗师常常要从诊所中走出来，带患者去暴露练习的地点，如狗窝、桥或者大型商场等。陪同暴露有很多好处，它可以让治疗师现场观察患者面对恐惧时的行为，让患者直接就恐惧产生的反应进行练习。

内在感受暴露练习中的内在感受指体内产生的感受。很多恐惧症患者很害怕身体感受，因为对他们来说，这些感受是恐惧症发作的前兆。这些感受是由恐惧引起的条件反射。我们也把这种恐惧症称作内感性恐惧症。治疗师要试着在治疗时引发这些感受，从而教患者学会在不焦虑的情况下忍受这些感受，并控制这些感受。我们会建议患者深呼吸（快速深呼吸几分钟）；让他们坐在转椅上，轻轻转动，从而引起轻微头晕；让他们大步上楼梯，从而使心跳加快；让他们长时间站立，从而引发站立低血压；让他们穿很多衣服，从而在别人面前脸红出汗。

想象暴露练习适合恐惧感过于强烈、实在无法在真实场景中暴露的患者。在这种情况下，我们会让他们在真实场景做暴露练习之前，先做通过想象降低敏感度的练习，也叫作系统性脱敏练习。患者要循序渐进地在想象中放松地面对恐惧源，最好能将恐惧源拆解成几个逐渐增强的阶段。患者仰卧，闭上双眼，当他开始放松时，让其想象害怕的场景。这通常会引发恐惧症的发作。这是第一个广泛应用在恐惧症治疗上的技术。由于起效慢且不易操作，这项技术逐渐被真实场景暴露练习所替代。但是当患者的恐惧过于强烈而无法在真实场景中进行暴露练习时，这项技术也有好处。但当病情好转时，真实场景暴露练习还是必要的。

虚拟画面暴露练习适合难以进行真实场景暴露练习的情况，例如飞行恐惧症。因此，行为治疗师对虚拟画面暴露练习非常感兴趣。只要有足够的设备，恐惧症患者可以就地进行暴露练习。这类疗法已经成功应用于广场恐惧症、恐高症[18]、蜘蛛恐惧症[19]、飞行恐惧症[20]和社交恐惧症[21，22]。对恐惧症的轻症患者来说，也许虚拟画面暴露练习已经足够。但症状较重的患者可以从虚拟画面暴露练习开始，逐步进行真实场景暴露练习。

修正自动思维

“如果俯身，我会被下面的虚空吸引。”“如果我脸红，别人就会发现，他们就会笑话我。”

改变恐惧症患者的思维方式是心理治疗的主要目标之一[23]。在心理学术语中，认知指的是一个人头脑中自动出现的想法。认知疗法就针对这类潜意识（我们平时意识不到，但可以通过反思意识到）的想法。

第一个步骤，也就是自我观察，因为涉及对思维方式的明确的自我意识，所以这并非易事。很多患者习惯用固有的思维方式思考：“我不坐电梯是因为爬楼梯对身体更好。”“所有的狗都很危险。狗的祖先是狼，所以我害怕狗是正常的。”在某些情况下，与恐惧有关的思考能够引发更多的恐惧。惊恐发作患者就不喜欢“聆听”他们的恐惧，他们会回避重复一些类似“不适”“焦虑”的词，因为仅仅说出这些词就能使恐惧发作。这些患者采取精神逃避（也称作认知逃避）的做法，他们会在恐惧即将到来时一直开着收音机，或者不停做一些事情（谈话、读书等）。

在完成自我观察后，我们会让患者就自己的认知进行反思和分析。这么做的目的不是提醒他们恐惧是“不理智的”（他们的家人已经对他们说过千百遍了），而是帮助其通过观察分析自己的灾难性预期。他们到底害怕什么？他们面对这个场景会发生什么？会有什么反应？长期这样做的后果是什么？自己预言的后果是真实存在的吗？怎么才能知道？

最后一个步骤，治疗师会让患者通过“现实的考验”证实自己对恐惧的预期是否可信。比如，惊恐发作患者认为自己排队超过十分钟就会惊恐发作。治疗师就会建议他验证这个预言，在高峰时期陪他去邮局或超市排队。只有将认知疗法和场景暴露相结合，情绪脑才能相信这些认知调节练习。

恐惧症认知行为疗法的新技术：眼动脱敏与再加工疗法

眼动脱敏与再加工疗法（Eye Movement Desensitization and Reprocessing，EMDR）是一种持续时间较短的治疗方法。在使用这种疗法时，治疗师让患者提起一些曾经引起恐惧症发作的痛苦经历，例如让一个溺水恐惧症患者回想溺水的经历。

在患者重新进入痛苦回忆的心理和感官状态时，治疗师会让患者看着治疗师的手指或是其他物体，通过手指或物体的快速摆动，患者的痛苦会被去除或重置。这项技术的名称也来源于此。

目前，我们尚不清楚 EMDR 的治疗机制，但这项技术在治疗心理创伤时确实有效[24]。

心理创伤最常见的后果就是，每次患者重新回到创伤发生地时，他们会重新感受到创伤引起的恐惧。如果一个人在停车场里被袭击或出过车祸，他有可能无法再进入停车场或无法再坐车。这时，恐惧是创伤产生的副作用。有几项研究测试了 EMDR 对于这种恐惧的疗效[25, 26]。初步的测试结果显示这种方法有一定的疗效，但在系统应用此法治疗恐惧症之前，我们还要等待进一步的结论。

我的个人经验是，EMDR 最好用在创伤发生多年后仍然无法承受其带来的恐惧和羞耻感的患者身上。这种现象在社交恐惧症患者身上较为常见。有些患者早年在公众场合被羞辱过，每次提到这些经历他们都会十分难过。这种疗法也可以被应用在不敢回忆创伤的惊恐发作患者身上。

恐惧症和精神分析

在过去的很长时间里，精神分析都是唯一的心理疗法。1909 年，弗洛伊德记录的小汉斯的心理治疗可能是精神病史上最有名的案例。从一匹拉车的马身上摔下来以后，小汉斯就患上了恐马症。在弗洛伊德的建议下，小汉斯的父亲对他进行了治疗。从此，小汉斯的名字被永远地记录在了精神分析的历史中。弗洛伊德称只见过 5 岁的小汉斯一次，大部分数据来自他父亲的口述。他父亲是当时还非常具有革新性的精神分析法的狂热崇拜者。

弗洛伊德提出的假设是，小汉斯和他的父亲之间产生了某种心理上的冲突，这让小汉斯十分焦虑。由于过于痛苦，他的焦虑被抑制在了无意识中。为了更加有效地抑制冲突，他还将自己的焦虑转移到了马身上，这样就把这种心理冲突外在化了。

即使这些假设最初的确很吸引人，但精神分析疗法在治疗恐惧症方面已经落后了，其治疗效果实在不佳。当代著名的儿童精神分析师塞尔吉・罗波维奇提到“一个病情持续 15 年的上学恐惧症患者，他虽然接受了很好的心理治疗，但症状没有得到改善”[27]。另外（也许正因为如此），精神分析治疗从未把症状的减轻和消失作为治疗目的，而这却是患者最基本的需求。心理学家拉康说过一句很有名的话：“治愈是另外一回事。”与此相印证，一项有关精神分析治疗恐惧症的研究指出，在一本知名刊物中，全刊的 128 页中只有 3 页是讲如何治疗的，只占约 2.3%[28]！

巴黎记者兼作家皮埃尔・雷在自传《在拉康诊所的一季》中讲述了他接触精神分析的 10 年的经历。这本书非常精彩，因为其中描述了那个年代精神分析时髦到什么程度：“一定要去看看拉康医生”是当时人们的口头禅。在这本书中我们也能看到当时精神分析根本就不操心治愈的事情。“如今我承认，我的恐惧症一直都在，这让我感到可笑。但在这期间，我与恐惧症和解了。我学会了回避可能面对的恐惧情况。或者说，我在恼人的让步中或在外界的宿命中，承受着恐惧的后果[29]。”

很多精神分析师如今也会承认，如果患者的需求是不再受恐惧症的困扰，那么精神分析不该作为首选治疗方案。虽然很多精神分析师会这样想，但并不是所有人都会这样做。我记得一位患者对我说：“我怨恨我的精神分析师，他毁了我的精神分析。我大部分时间都在反复思考我的恐惧、我的失败、我的回避以及我的挫败。而在您为我进行的 10 个月的治疗中，我击退了恐惧。我为什么不一开始就来找您咨询呢？这样我也可以进行正确的精神分析。我也确实需要精神分析。”

精神分析医生的另一个问题可能是，他们的理论基础已经太久没有更新了。近些年出现了很多基于精神分析理论的全新治疗方法[30]，而一些精神分析医生的理论基础还处在起点。

条条道路通罗马，但路程不同

我们经常将精神分析和认知行为疗法对立起来。正是因为精神分析法过于分散的治疗方式（治疗师仅仅让患者讲述他的过去，但并不知道这种治疗能给患者带来何种具体的指引）促使了认知行为疗法的发展。行为治疗师认为：“心理治疗不能只是一个模糊的、没有明确目标、治疗效果未知的技术[31]。”但很多恐惧症患者得到的正是这类治疗。此类治疗师认为谈话足以带来改善。这在20世纪也许是可能的，因为那时我们较少讨论情绪问题，而心理学黄金时期的到来使这方面的讨论成为可能。如今社会的发展解放了话语权，真正的心理治疗师不能仅仅依靠谈话和交流让患者克服情绪障碍，尤其是像恐惧症这样深深印刻在我们生理结构中的情绪障碍。

世界上最著名的恐惧症治疗专家之一、英国人伊萨克・马克斯，曾经将恐惧症的治疗方法比作出行线路[32]。选择一个治疗方法就像选择一条从一点到另一点的路线，从痛苦到不痛苦、从被奴役到解放的路线。我们可能选择高速公路，直击目标，不关注周围的风景，这时暴露练习就是最好的选择；我们也可能选择国道或省道，这样的选择更舒服、更惬意，但是速度慢了许多，这就是认知疗法中的放松和冥想练习；我们也可以选择通过步行穿过田野——我们不追求速度，我们希望在路上发现其他东西，但我们很有可能迷路，这就是精神分析的选择。

我经常和我的患者提到这个比喻。这个比喻提醒我们，最有效、快捷的方法往往是最不舒适、易懂的方法。这也告诉我们，所有方法都有发挥效用的可能，也就是“条条道路通罗马”。如果恐惧症不是很严重，而且患者有其他期望（“处理我和过去的复杂关系”），那么选择一条国道或者田间小路也并无不可。

我们也可以换一个角度考虑问题：大多数患者倾向于选择一个迅速有效的治疗方法，因为恐惧症毕竟是痛苦的，而这种痛苦让他们与他人隔绝开来。治疗只是人生中一个短暂的阶段，而不应该成为人生目标。如果想要享受人生，我们绝不需要通过治疗达到这个目的。

第六章

恐惧和恐惧症：历史及分类

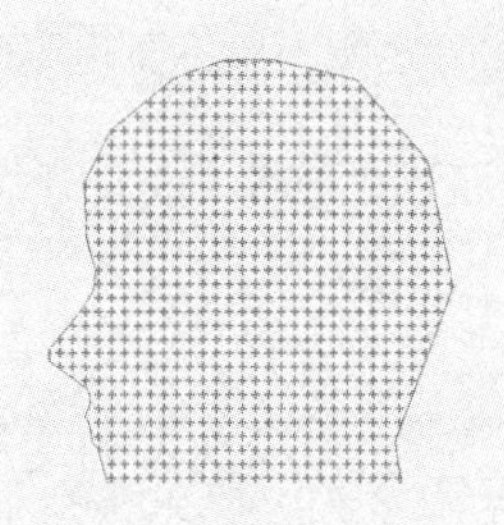

《三个火枪手》其实讲了四个人的故事；人们常说恐惧症大家族里有三种恐惧症，但其实还有第四种。

第一种是对我们生存的自然环境的恐惧，比如恐惧动物、高空、水、黑暗以及其他事物。第二种是社交恐惧，指对我们同类的目光、批评和交流的恐惧。第三种是惊恐发作，当我们被幽禁、被困住时，当我们离家太远时，我们会感到恐惧，我们将这种情况称作幽闭恐惧症或广场恐惧症。第四种是其他恐惧，我们会在本书最后一章着重讲解相关内容。

无论你经历的是哪种恐惧，都不要让别人说你得了神经症。这个说法已经过时了，你只是一个能感受到强烈恐惧的人。

“在想象力的激发下，我们骚动不安，
我们浑身颤抖，我们脸色时白时红……”
——蒙田

在中世纪的欧洲，恐惧曾被认为是有必要的。当时人们认为恐惧使人类学会逃离危险，也让人远离罪恶。但现今有些人将恐惧视为障碍，因为它限制了我们对他人的了解，限制了我们的旅行、探索、放松，影响我们达成目标、享受生活[1]。

对恐惧的描述自古就有。希波克拉底、笛卡儿和帕斯卡尔都在他们的作品中描述过他们及他们同时代的人的非理性恐惧。《蒙田随笔集》[2]中说道：“在想象力的激发下，我们骚动不安，我们浑身颤抖，我们脸色时白时红……”而罗伯特·伯顿则在《忧郁的解剖》一书中记录了“某个不敢出家门，害怕会晕倒身亡的人[3]”。英国哲学家约翰·洛克在1690年首次阐述了恐惧的形成机制。1769年，法国外科医生勒·加缪提出了恐惧症的分类[4]。几个世纪以来，很多医学和文学著作都记录了在某种情况下发作的异常恐惧。

到了19世纪，韦斯特福尔于1871年描述了一个广场恐惧症的案例。很多由古希腊词汇构成的新兴词汇随之而来。精神科医生用这些词命名了各种恐惧症，这是因为这些词能够很好地反映当时的意识形态。比如，在奴隶制废除之前，美国南部有一种非常常见的叫作囚禁恐惧症（也叫“漂泊狂”）的病症，其名称源自希腊语 drapeta，意思是逃跑的奴隶[5]。

1896 年，法国最早的心理学家之一泰奥迪勒·里博写道：“无数的恐惧症，每个都有特别的叫法……每种强烈的恐惧都立刻得到一个希腊语名称……”[6]

弗洛伊德也在《精神分析导论》[7]中不无讽刺地说道：“这（一系列恐惧症）听起来像埃及的十疫，只是其数目远远超过十而已。”于是他提出自己的焦虑状态分类：恐惧神经症、强迫神经症、焦虑神经症等。这一分类方法一直被沿用到 20 世纪 70 年代，新一代精神科医生的研究成果使弗洛伊德的理论逐渐过时。例如美国精神科医生克莱恩[8]证实了一些抗抑郁药物对恐惧症的有效性；南非精神科医生沃尔普[9]和美国精神科医生马克斯[10]研发了第一批能够有效治疗恐惧症的行为疗法。

几种颇具“特色”的恐惧和恐惧症名称

19 世纪，心理学领域充斥着用来命名各种恐惧症的新兴词汇。

恐高症（acrophobie）：对高处的恐惧（akron：最高处），同义词有广场恐惧症（kénophobie，keno：高空）、悬崖恐惧症（cremnophobie）、陡峭山路恐惧症（orophobie）。

机场恐惧症（aérodromophobie）：害怕航空旅行。

疼痛恐惧症（algophobie）：害怕疼痛。

便秘恐惧症（apopathodiaphulatophobie）：害怕便秘。

闪电恐惧症（astrapéphobie）：害怕闪电，与打雷恐惧症（bronthémophobie）和暴风雨恐惧症（chéimophobie）类似。

恐血症（hématophobie）：害怕血，类似于肉类恐惧症（créatophobie）及针头恐惧症（bélonéphobie）。

独处恐惧症（monophobie）：害怕独处。

家室恐惧症（oïcophobie）：住院后害怕回家。

动物恐惧症（zoophobie）：包括鸟类恐惧症（ornithophobie）、恐猫症（ailourophobie）、恐犬症（cynophobie）、恐鼠症（musophobie）、蜘蛛恐惧症（arachnophobie）。

毛发病恐惧症（trichophobie）：害怕毛发，与羽毛恐惧症（ptérophobie）类似。

对恐惧的恐惧症（phobophobie）：害怕恐惧。

火车恐惧症（sidérodromophobie）：害怕乘火车。

活埋恐惧症（taphophobie）：害怕被活埋。

如果上述内容让你感到不适，那你可能得了“晦涩词汇恐惧症”（hellénologophobie）。

恐惧症不是神经症

“恐惧神经症”这个逐渐过时的词汇最早被精神分析称为焦虑型歇斯底里症，并暗示此症与性欲的关系。精神分析认为恐惧症既是内在无意识斗争的体现（只有解决了斗争，才有可能改善症状），也是一种自我保护机制（因此我们要“尊重”恐惧，否则可能产生比恐惧症更严重的后果）。虽然这一观点在当时很有创新性，但到了19世纪后期，现代心理学的出现使精神分析逐渐过时。究其原因，一方面，精神分析的治疗效果实在不佳；另一方面，产生在另一理论基础之上的行为疗法带来了对恐惧症持久的疗效，并且降低了复发率，减少了代替症状。

我在心理治疗的过程中观察到，除了患上恐惧症这一状况，恐惧症患者其实都是正常人。因此，我不喜欢曾经使用的称呼——恐惧神经症患者。

我认为，停止在心理学中使用“神经症”这个名词有两个理由。第一，虽然“神经症”这个词最初是医学术语（由18世纪苏格兰医生威廉·卡伦首次使用），但后来逐渐变成了一个侮辱性词汇。如今，当我们说一个人是“神经症”时，指的是他很讨厌、很自大。心理学界一度将所有抑郁或焦虑的女性称为“歇斯底里神经症患者”。我的一位同事也曾开玩笑地说：“我从未遇到过歇斯底里的患者，我只遇到过不幸福的女人。”

第二，这个词与弗洛伊德对恐惧症的理解有紧密关联，而这种理解已经过时。弗洛伊德的直觉并不全是错的，但很多是错的。他是一个重要的历史人物，我们尊敬他是应该的，但我们不该盲从他的直觉，像念咒语一样引用弗洛伊德写给他学生的观点。

因此，我会对我的恐惧症患者们说："你们不是神经病。你们不是恐惧症患者。你们是得了恐惧症的人。就像糖尿病或高血压患者一样。不要浪费时间研究你们为什么会患病，要行动。虽然知道疾病的成因很重要，我们可以借此避免犯同样的错误，但不要深陷其中。你应该知道你在这方面的弱势，并学会将它击退。你有可能将其铲除，从而彻底摆脱恐惧症；你也有可能无法摆脱恐惧，你会比一般人更容易担心，但也可以面对曾经让你恐惧的场合。例如，你曾经是飞行恐惧症患者，经过治疗，你可以乘坐飞机。虽然在飞行过程中，你和其他乘客一样有一点点紧张，但把恐惧症转化为正常的恐惧是完全有可能的。让恐惧彻底消失的可能性则会小一些。"

恐惧症患者的需求也并不是让恐惧彻底消失。我的飞行恐惧症患者中没有人想成为飞行员，他们只希望能在合理的恐惧中正常乘坐飞机。

恐惧症的三种类型

在科研领域，研究者将恐惧症分为三大类[11]。

- 特定恐惧症，包括动物恐惧症和某些自然元素恐惧症，比如血液和伤口。这些恐惧症曾经被称作简单恐惧症，它们对患者产生的影响有限，由此引发的回避行为不太影响患者的正常生活。

- 社交恐惧症是一种对他人眼光的强烈恐惧。这种恐惧症对患者的困扰较大，由此产生的回避行为会缩小患者的社交活动空间，而社交活动对一个人的平衡发展起着重要的作用。
- 惊恐发作和广场恐惧症指的是对可能在公共场合感到不适的恐惧。这类恐惧症会对患者的生活造成极大的不便。焦虑发作带来的强烈冲击会使恐惧症患者迅速失去自主生活能力，每次出行都变得极为困难。

社交恐惧症和惊恐发作被称作复杂恐惧症。与简单恐惧症以及特定恐惧症不同的是，复杂恐惧症的发作场合多种多样，而且患者对自己的控制非常有限。避免接触鸽子或避免登高是较容易做到的，但避免接触其他人或者不出门就很难做到。因此，我们常在这类恐惧症患者身上观察到其他问题，例如抑郁、酗酒或其他严重影响生活的问题。

精神科医生、心理学家，就连大众，都喜欢用恐惧症（phobie）造词，比如，排外恐惧症（xénophobie）指的是对外国人的仇视或敌视，而不是某种惊恐发作。十三恐惧症（triskaïdekaphobie）指的是不喜欢数字 13 的人，而不是某种“有创意”的恐惧症。在儿童或老年人群体中常见的新事物恐惧症（néophobie）指的是对各种变化（食物、人际关系或其他事物）的厌恶，而不是逃避新事物的需求。

我们对恐惧症一词的偏爱可能是因为我们需要一个可以普遍应用于各种领域的词，以形容那些让人讨厌或者担心的事物。如果你有数字 7 恐惧症，那么你要小心了，我们马上就要进入本书的第七章了……

第七章

简单恐惧症

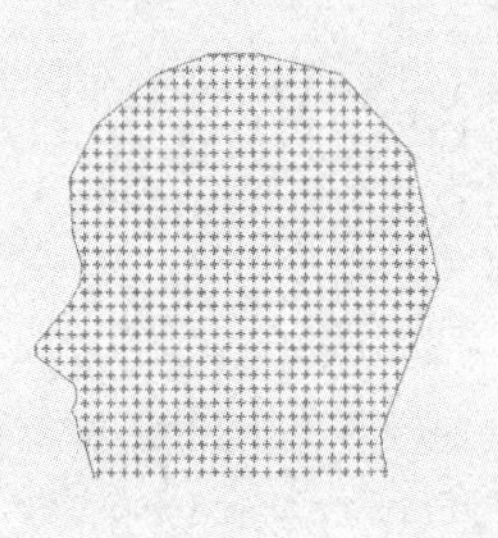

这些“疯狂的”自然恐惧只有在精神科医生的专业术语中才被称为简单恐惧症。这类恐惧症简单易懂：我们很害怕某种事物，所以我们尽力避免。

但剩下的内容就不那么简单了。这些过度恐惧会为个人生存带来极大的困扰，造成回避、逃避和推脱行为。

有时，这类恐惧症也会造成一定的危险，比如恐血症和恐针症。但一般情况下，它们不会危及生命，只会降低生活质量。

幸运的是，治疗这类恐惧很简单，简单到有时会被治疗师忽视……

“我被痛苦地折磨着：几个活跃而又强烈的想法占据了我的心灵，我的世界。”

——保尔·瓦雷里《固定观念》

进入我的办公室后，弗朗切斯卡做的第一件事情是向窗外望去。她担忧的神情在看到紧闭的窗户后得到明显缓解。7月的这天早晨，她第一次前来就诊。图卢兹的7月已是夏日炎炎，窗户大部分时候是敞开的。但我办公室的窗户没开，因为我在前一天刚刚买了空调。这个小小的细节使弗朗切斯卡打消了疑虑，她平静地向我讲述自己的故事，无须担心鸽子闯入。因为她的问题就是对鸽子的恐惧。

弗朗切斯卡是一个27岁的漂亮女孩，嫁给了一个来图卢兹工作两年的意大利籍航空工程师。她从小就害怕各种鸟类，其与鸟有关的记忆可以追溯到她三四岁的时候。那时，她白天待在爱在笼子里养鸟的姨母家。这位上了年纪的女士是传统教育方式的信奉者。每当弗朗切斯卡不愿喝蔬菜汤时，她就会打开鸟笼威胁弗朗切斯卡。她告诉弗朗切斯卡，鸟会从笼子里飞出来啄她的耳朵、抓她的头发……有一天，听腻了姨母的威胁，弗朗切斯卡决定不再妥协。于是她的姨母打开了鸟笼。鸟逃了出来，在屋中盘旋，在墙和窗户上乱撞。孩子和姨母都吓坏了。从此，弗朗切斯卡无法忍受与鸟类共处一室，即使它们被关在笼子里，她也无法接受。一个周日，父母从市场上买了一只活鸡带回家。弗朗切斯卡的恐惧一直持续到这只鸡消失。在童年和青少年时期，同伴经常因此嘲笑她，她的一个哥哥甚至送过她一个“礼物”。那是一个盒子。当弗朗切斯卡打开盒盖时，一只鸟从里面飞了出来……

成年以后，她想尽办法避免接触鸟类。丈夫听了她的解释后接受了这些回避行为。但在他们因为一个国际航空项目搬到图卢兹居住后，她发现市中心有成群的鸽子。她的鸟类恐惧症再次发作，这次的恐惧对象是鸽子。

前来就诊时，她显得有些抑郁，由于恐鸽症，她过着与世隔绝的生活。她甚至无法看有鸽子图片的杂志、报纸或电视节目，否则她的焦虑感就会不断增强。她无法涉足鸽子遍布的市中心，也不能带孩子去广场玩，因为那里总有老人喂鸽子。她不能去楼下的自动提款机取钱，因为附近的人行道上总有鸽子……

“我最不喜欢的是它们的外观——没有眼皮遮盖的眼睛、丑陋肮脏的红爪子、飞翔时发出的‘啪啪’的声音。但我究竟怕的是什么呢？我也不知道。可能害怕它们用尖尖的嘴啄我的眼睛，怕它们突然飞到我身上来，把我的头发弄乱。它们这么蠢，很容易被惊吓。它们的羽毛还让我觉得恶心。在很多情况下，我的恐惧已经成为自动反应，已经不经过思考。”

忽然，我看到弗朗切斯卡的脸变白了。她停止了谈话，目光停留在我身后。我看到一只鸽子落在我身后的窗户外。它用一双红眼睛聚精会神地观察着我们。窗户虽然是关着的，弗朗切斯卡却开始喘不上气。我现场目睹了一次惊恐发作。我起身赶走了鸽子。弗朗切斯卡的反应并不是装出来的。我测量了她的脉搏，她的心跳达到了每分钟 140 次。事后她哭着说道：“这太愚蠢、荒谬了！您看到我的样子了吗？您的窗户还是关着的，如果是开着的，我早就跑了。”

她继续讲：“我希望这些无法预料的鸽子能够放过我。就连晚上它们睡觉的时候我也不得安生。去意大利北部度蜜月的时候，我们不得不在晚上游览威尼斯，不得不在白天出门时想尽办法避免接触它们。我会走到人群中去，让别人为我做盾牌。我从来不背包或带行李，因为我要把两只手空出来，这样如果有鸽子袭击我，我就可以自卫。每当阴天的时候，我就以害怕下雨为借口随身带一把伞，这样我就可以击退鸽子……这些都让我感到羞愧，但我也没办法。您能帮助我吗？”

后文我会讲弗朗切斯卡是如何克服恐惧的。但在这之前，让我们先来研究一下她的“特定”恐惧症。

强烈恐惧和特定恐惧

这类恐惧症是最易懂的，就是一个人害怕一个特定的事物，所以尽力避免接触这种事物。

这类恐惧症的恐惧源有多种，但总体可以分为四大类：动物恐惧、自然因素恐惧、场景恐惧和血液创伤恐惧（见表 7-1）。

每两个患者中就有一个患有这类恐惧症。“特定”的意思是这种恐惧的发病范围是有限的。在不接触或即将接触恐惧源的情况下，患者是能感到安全的。也因为这种恐惧症的发病范围有限，我们曾将其称为简单恐惧症。但是它们对患者生活带来的影响往往没有这么简单。

和其他强烈恐惧一样，此类恐惧症和正常恐惧的区别也由几个因素决定：恐惧感的强烈程度（最高可以到达惊恐发作程度）、逃避程度（不只是一个小小的困扰）、症状加深程度（重复面对无法减轻恐惧）。建立这样的区分标准是很重要的，但事实上的界限没有这么分明。虽然强烈恐惧达不到恐惧症的医学诊断标准，但它对生活的影响其实和恐惧症相差不大。

不同的研究和统计工具显示，大概 10% ～ 20% 的人患有特定恐惧症[1]。女性患者数量是男性患者的 2 倍，但患有血液创伤恐惧症的女性患者与男性患者比例持平[2]。

表 7-1　主要的特定恐惧症

恐惧源	具体事物
动物恐惧症	鸟（鸽子为主）、昆虫（蜘蛛、蟑螂、马蜂）、狗、猫、蛇
自然因素恐惧症	水、高处、暴风雨、黑暗
场景恐惧症	幽闭恐惧症（幽闭环境，如电梯、拥挤的商店、隧道……）、交通工具（飞机、火车、汽车）
血液创伤恐惧症	注射、采血、牙齿治疗……

特定恐惧症是最早出现的恐惧症。患者可能在初次面对这些事物时就会发病。比较少见的是由一些事件引起的特定恐惧症，但患者也存在一定的易

感性，比如有些人被狗咬过以后会患上恐犬症，但不是所有被狗咬伤的人都会得恐犬症。大部分研究都倾向于将主要发病原因归结为遗传因素，其次是某些事件的发生或者父母的榜样效应（父母中一人有同样的恐惧症）。

年纪不同，恐惧的强度也有所不同。恐犬症更易发生在年轻人群体中。飞行恐惧症则会随着年纪的增长而加剧。对此有多种解释，最大的可能性是我们可以一点一点克服对动物的恐惧。我们经常能看到动物的照片、电影或者关在笼子里的动物。如果真的遇到了害怕的动物，我们也可以选择逃跑。而飞行恐惧症就比较复杂了。我们不可能先飞行 5 分钟，然后 10 分钟、15 分钟，只能选择坐飞机或不坐飞机，一旦飞机起飞我们就别无他法。

无法面对的恐惧都会逐渐加重，而每次面对的都是创伤性经历，这反而加强了恐惧。某些其他恐惧也属于这种情况，比如在公共场合讲话。

特定恐惧症是疾病吗

当这类恐惧发展成恐惧症时，特定恐惧不会对生活造成太大的影响。患者的回避行为一般不会影响他们的正常生活。因此，与其他患者（比如广场恐惧症和社交恐惧症患者）相比，这类患者较少寻求治疗。

造成患者寻求治疗的原因[3]一般有以下几种。

- 患有恐犬症、恐猫症、电梯或其他交通工具恐惧症。寻求治疗的迫切程度和患者需要面对恐惧的频率相关。袋鼠恐惧症一般不会促使北半球的患者寻求治疗。

- 同时患有多种恐惧症。这种情况十分常见，也十分影响生活。
- 恐惧症的发作形式比较强烈。患者害怕惊恐发作会导致精神失常或心脏病发作。

更多情况下，寻求帮助的患者都在经历一些生活方式的变化。比如飞行恐惧症患者可能原来只需要乘车出行，忽然有一天他们需要频繁乘坐飞机；血液创伤恐惧症患者一直避免注射和采血，但有一天遇到了她的真命天子，她想要与他结婚生子，因此需要进行一系列的体检；恐鸽症患者在搬家以后发现新的住所附近总有老人喂鸽子，鸽子遍布大街小巷；一个蛇类恐惧症患者要去一个热带国家旅行……

有关特定恐惧症，科学怎么说

恐惧症患者往往会夸大造成恐惧的因素。在他们眼里，所有的蜘蛛都巨大无比、行动敏捷，最小的山坡都让他们头晕目眩。这些感知错误[4]与他们的恐惧强度有关。感到生命受到威胁时，他们产生了一种“放大镜效果”，自动将危险放大。但是他们的亲友应该知道，恐惧症患者和未患恐惧症的人对世界的感知是不同的。恐惧症患者从两米高台跳水产生的恐惧与正常人从十米高台跳水产生的恐惧差不多。但这些感知错误在治疗后会逐渐消失。

感知错误不限于动物的大小。在接近某些动物时，动物恐惧症患者能“看到”动物向他们跑来，甚至感到动物在他们身上。恐高症患者将身子探出时能感到自己正在跌落……这些感官的激活证实了想象力在恐惧症中起到的作用，也暗示了大脑皮质，特别是视觉中枢的激活程度远高于边缘系统，即焦虑产生的中心[5]。在动物恐惧症患者中，特别是蜘蛛恐惧症、昆虫恐惧症和蛇类恐惧症患者，大脑的颞叶，也就是躯体感觉会被激活。这也能解释为什么他们在恐惧的影响下会产生躯体触觉反应。

恐惧症患者还常常在处理信息的时候过滤相关的背景信息。也就是说，他们只注意让他们恐惧的物体，而忽视了能让他们放心的信息[6]。因此，在狗的面前，他们不会注意狗的大小、是否被拴着、看起来是否友善。这些背景信息在中心信息——有没有狗的强烈刺激下都变得不重要了。恐惧症越严重，这种"全部或没有"的倾向越严重。所以，有时提到一个词语或者看到一张图片也能导致惊恐发作。理智脑知道没有危险，但杏仁核的反应更快，它已经拉响警报。

动物恐惧症

"直到快要到七楼时，他才有些害怕起来，他害怕过道尽头的那只鸽子，那只可怕的动物正在上面等待着。它恐怕正蹲在过道的尽头，红红的爪子，四周净是鸽屎和随风飘荡的绒毛，这只长着可怕的裸眼的鸽子将扑棱着翅膀飞起来，用翅膀触及他，约纳丹要想在这么狭窄的过道里避开它是不可能的……”①

帕特里克·聚斯金德在小说《鸽子》[7]中描述了一个五十多岁的中年人对鸽子产生的强烈恐惧。他的叙事完美地展现了恐惧症与正常恐惧的相似之处，也展示了恐惧症患者的反应与正常的恐惧反应有多大差距。主人公约纳丹的恐惧症让他逐渐与社会脱节，甚至产生自杀念头，幸运的是，这些想法最终消失了。

经常出现在电影银幕上的动物恐惧症（恐惧群鸟、大白鲨、蜘蛛）是最常见的恐惧症之一。女性患者占所有动物恐惧症患者的 75% ~ 90%。最常见的恐惧源有昆虫、狗、猫和马等。恐惧症患者害怕遭受这些动物的袭击（撕咬或叮咬），或者厌恶这些动物。一项针对多种文化的研究[8]发现，厌恶的情绪比恐惧更加常见。例如，印度人没有西方人那么害怕蜘蛛，但他们更加厌恶蜘蛛。

迄今为止，我们提到的恐惧源都是不具危险性的动物。对危险动物的恐惧（老虎、鳄鱼、鲨鱼）在所有文化中都被认为是正常和有益的。

在发达地区，与动物有关的恐惧影响不是很大，尤其是在城市生活中，只有某些对狗或者鸟类（主要是鸽子）的恐惧会对城市居民造成一些影响，对昆虫的恐惧也会使一部分城市居民不敢去郊区度假。

历史上也有很多人物有动物恐惧症。罗马贵族日尔曼尼库斯害怕遭到攻

---

① 帕特里克·聚斯金德. 鸽子［M］. 蔡鸿军，张建国，陈晓春，译. 上海：上海译文出版社，2019.

击，天文学家第谷·布拉赫害怕狐狸和野兔，安布路易斯·巴累看到鳝鱼就会晕倒，拿破仑则害怕猫，他的劲敌惠灵顿也是如此，法国诗人龙萨甚至用诗句来描述对猫的恐惧。

“没人比我更讨厌猫了。

我讨厌它们的眼睛、额头和目光。

看到它们我会立刻逃跑。

我的神经、血管和四肢都在颤抖……”

莎士比亚也在《威尼斯商人》[9]中提到动物恐惧症：“有的人不爱看张开嘴的猪，有的人瞧见一只猫就要发脾气……”

我见到过形形色色的动物恐惧症。一位广播主持人害怕螃蟹，她甚至不能看到螃蟹的图片。一些马蜂恐惧症患者经常在夏天来找我，因为他们无法在室外用餐，如果在室外用餐也尽量避免食用甜瓜或者水果沙拉，在露台吃早餐时也不食用果酱。这实在是不容易！还有的患者害怕完全无害的蝴蝶。一位患者在看到蝴蝶时会自动联想到毛毛虫，然后就会感到全身不适。

一项有关严重动物恐惧症的研究[10]将该恐惧症分成以下几类。

- 恐惧动物的动作（77%）：做暴露练习时，每当动物移动，患者就会感到恐惧。很多人害怕昆虫不可预料的蛇形移动。
- 恐惧动物的外观（64%）：鸽子没有眼皮覆盖的眼睛、蜘蛛鼓起的腹部、狗的牙齿……蛇类恐惧症患者对其形状非常敏感，地上的一根树枝、一条腰带都会让他联想到蛇，都会让他受到惊吓。

- 恐惧声音（27%）：鸽子扇动翅膀的声音、狗叫声、马蜂的嗡嗡声……
- 同一项研究显示，40% 的患者都害怕与动物接触，他们认为这会造成严重的问题（会导致精神失常或遭到袭击）。

动物恐惧症的特定性很强。如果恐惧对象是鸽子，患者就不会害怕麻雀；如果恐惧对象是马蜂，患者就不会害怕蜜蜂。但有些患者会对一类动物，比如所有鸟类、所有飞行或爬行昆虫产生恐惧。

自然因素恐惧症

和动物恐惧症一样，自然因素恐惧症患者也以女性为主（75% ~ 90%）。主要的恐惧源有高处、水、黑暗、暴风雨、雷电……很多历史名人有此类恐惧症。罗马帝国的创始人屋大维·奥古斯都就有恐黑症，英国哲学家弗朗西斯·培根有月食恐惧症。

此类恐惧症对社交的限制因人而异。恐高症患者无法接近窗户或阳台，也无法登山、滑雪、穿过桥梁等。大概有 12% 的人患有一种“眩晕”恐高症，但真正的恐高症患者可能没有这么多。这种恐惧可能从他人那里获得。看到一个人接近高处，恐高症患者也可能感到焦虑。患有恐高症的母亲一般无法陪子女登山或者游览海边的悬崖峭壁，也无法忍受他们接近窗户或阳台……

溺水恐惧症也很常见，有 2% ~ 5% 的人患有溺水恐惧症。这种恐惧症会对一些业余活动带来限制。游泳池和海边成为危险之地，他们也要远离邮轮，在浴缸中时将头部沉入水中更是不可能的。事实上，让溺水恐惧症患者害怕的不是水，而是进入水中。这些患者完全可以喝水，但他们无法接受被水淹没的画面。他们认为在水中很容易溺亡[11]。乘坐飞机时，如果飞机在水面上飞过，他们会十分焦虑，但飞过陆地时，他们没有任何不适。

罗斯玛丽是一位 48 岁的英语老师，她一直害怕水。在内陆地区长大的她直到成年才见到大海。她不会游泳。她对医生说她向来不喜欢坐船："当我想到脚下水的深度时就浑身起鸡皮疙瘩。"她去海边度假的时候从来都远离海岸。有几次她差点被海浪卷倒，这让她十分紧张。几年前，罗斯玛丽想学游泳，但她不敢离游泳池壁太远。她不敢横穿游泳池，因为需要身边有能随时抓住的东西。一个人在家时，她会尽量避免在浴缸里洗澡，因为害怕一旦疾病突发自己会溺死在浴缸里。她也不喜欢淋浴，因为头部处在水中的感觉以及水可能进入耳朵的感觉都让她很不舒服。罗斯玛丽知道很多溺水的故事。她一位表兄的儿子溺死在了新建的游泳池里，她的朋友在野外游泳时再也没能回到船上，等等。亲戚邀请她和丈夫去坐地中海上的游轮，但她一想到要在水上漂半个月就焦虑不止……

我的另一位患者给我讲了他母亲的故事。他的母亲是暴风雨恐惧症患者。每次遇到暴风雨，母亲就会带全家人开车出门，因为她听说坐在汽车里不会遭到雷击，汽车轮胎会形成一个“法拉第屏蔽箱”[1]。他没有患上暴风雨恐惧症（他是出于其他原因来就诊的），但电闪雷鸣的时候他会感到紧张。他拒绝在雷雨天登山，因为他听说过很多可怕的经历：“冰镐上有静电产生的火花，看到这个景象我肯定会心脏病发作！”他害怕将自己的恐惧“传染”给儿女。在他的要求下，我们做了一些克服恐惧的练习。练习的方法是让他在听雷雨的录音（真的有这种录音，治疗恐惧症的好处就是我们的好奇心和创造力会不断增强）时看照相机的闪光灯。

恐黑症是一种儿童常见病，但有的成年人也有此病。他们无法在没有灯光的环境中入睡，害怕从睡梦中惊醒时四周没有任何光亮。每个儿童的恐惧原因都有所不同。有的恐惧是“语言无法描述”的，没有具体对象，但可能与死亡有关。还有人害怕重复发生的噩梦，尤其是受过创伤的人。我曾经遇到一个年轻的恐黑症患者，他怕黑，但他的女朋友只有在完全黑暗和安静的环境中才能入睡。他们共同度过的前几个夜晚非常糟糕，这使他们终于达成协议：他要治疗恐黑症，他的女朋友则要接受不再把门窗和窗帘都关上……

幽闭恐惧症和缺氧恐惧症

幽闭恐惧症有多种发病地点：空间过小的房间或没有窗户的房间，电

---

① 又称“法拉第笼”，是一个由金属或良导体形成的笼子，用于演示等电势、静电屏蔽和高压带电作业原理的设备。——编者注

梯，尤其是空间很小且没有窗户的电梯等。有 2% ~ 5% 的成年人患有这种恐惧症，这种恐惧症对日常生活的影响较大[12]。放射科医生经常遇到这类患者。他们接待的患者当中有 4% ~ 10% 的人无法忍受身处一些医学检查仪器当中，例如断层扫描仪或全身核磁共振成像[13]。为了让一些躯体症状严重的患者进行检查，我会向医院申请使用放射科的设备，帮助患者逐渐适应这一场景。

这种恐惧症一旦发展到严重的程度，患者的恐惧就可能从封闭的房间或电梯延展到其他场合，比如衬衣或其他过紧的衣服、面膜或潜水眼镜、潜水服。因为幽闭恐惧症患者害怕的是窒息。他们害怕在人多的地方被挤压（比如在高峰时期排队）或者缺氧（比如困在电梯里，或者困在停在两站中间的地铁里）。很多未得恐惧症的人也会有同样的恐惧。

英吉利海峡隧道刚开通的时候，英国媒体报道了这一常见现象：每十个英国人里就有六个人对进入海峡隧道的想法感到焦虑[14]。幽闭恐惧是一种本能反应，动物被天敌捉捕时会产生这样的反应，人类多少也会产生同样的反应，比如我就从没想过去洞穴中探险，在地下狭窄的洞穴中度日……

很多幽闭恐惧症患者也会惊恐发作。我们会在后面的章节对此进行讲解。因此幽闭恐惧症只是更加普遍的恐惧症中的一种。

交通工具恐惧症

“只要一进入机舱，我就开始观察各种细节。机长上厕所的时候，我会很紧张；如果副机长忽然晕倒或者能力很差怎么办？我总在忧虑飞行前夜他们有没有通宵聚会，有没有喝酒到天明。飞行员在飞行之前也要通过酒精测试吗？我能听到驾驶舱和整流罩的一点点声响。我需要知道这些声响是什么。我留心注意发动机声音的所有变化。我会仔细观察空乘人员的表情，看他们有没有表现得担忧……”（保罗，42 岁）

飞行恐惧症是最常见的交通工具恐惧症。8% ~ 11% 的人有飞行恐惧症。飞行恐惧症患者也分为以下三类[15]。

- 第一类飞行恐惧症患者害怕“悬空”的状态。他们在飞行过程中十分紧张，但他们能够坐飞机，不会惊恐发作。
- 第二类飞行恐惧症患者会在飞机驾驶舱内感到高度焦虑。他们害怕会在飞行中失控，通常会极力避免飞行。
- 第三种飞行恐惧症患者害怕和其他乘客近距离接触。他们的恐惧更多来自社交焦虑。他们不喜欢和他人一起挤在狭小的空间里，因为这会让他们无法避免他人的目光，他们也不得不紧靠他人，与陌生人并肩而坐。

单纯对飞机恐惧的情况也是存在的。弗朗西斯·卡布雷尔在歌曲《我害怕飞机》中唱出了飞机恐惧症患者的担忧。

“所有噪声都如此奇怪 / 所有味道都如此可疑 / 即使躺在过道 / 我也希望得到别人的尊重 / 我想和所有人一样 / 认为这一切都很正常 / 被发射到天空 /

什么都做不了 / 什么都做不了……”

从很多角度来看，飞行恐惧症都很有意思，因为它是心理控制的经典例子。驾驶汽车的危险比乘坐飞机大得多，但大多数人会在飞机上感到更强烈的恐惧，这是因为他们对飞行没有控制能力。“驾驶飞机的是个我不认识的陌生人，我看不见他，我不知道驾驶舱里发生了什么……但是开车的时候我知道是我在操作方向盘，是我在控制速度和路线……而且飞行也不是全然安全的。”那么，这到底是飞行恐惧症还是一般的小心谨慎呢？在一部科普著作中，美国一位运输部负责人证实，对空中交通的过度信任确实不是什么好事。她提出的以下建议可能会使某些人的飞行恐惧症恶化（但恐惧症本来不就是为了增加生存机会而存在的吗）。

- 避免乘坐过旧的飞机。
- 避免乘坐一些不太安全的型号的飞机。
- 最近刚刚成立的航空公司还没有经过考验，这些公司的信誉也需要时间来证明。
- 选择靠近过道和逃生出口的座位（多数事故发生在起飞和降落阶段，空难中很多乘客被困在飞机中窒息而死）。
- 提前准备好防尘口罩并将其放在随身行李中。
- 如果发现机舱内有异常情况，一定要大声说出来。

人在不同情况下都有可能感到恐惧，但人和人的表现又是如此的不同。

不同的人恐惧的阈值不同。有的人很早就开始恐惧，在还未登机时就开始恐惧，一些很小的信号，比如行李舱里很小的声响都会让他们恐惧。

不同的人感受到的恐惧强度也不同。同样的情形，比如颠簸，有的人会惊恐发作，有的人只会有些意外和吃惊。

不同的人恐惧情绪的持续时间也不同。有的人无法关掉警报，让恐惧持续很长时间，可能持续到飞行结束，甚至在飞行结束以后一段时间内都如此。

不同的人对恐惧的反应也不同。有的人为了忘掉或者抑制恐惧会选择睡觉，有的人会选择酒精、谈话、放松……

正因如此，飞行恐惧症对于心理学理论研究人员有了其他意义。

对未患恐惧症的人来说，飞行也是一个观察恐惧症患者的机会。我的一个同事对我讲过他的一次飞行经历。

“有一次我在尼斯飞往里尔的航班上。起飞后不久，我们就从空乘人员那里得知航班出现了一些问题。这时候机长很遗憾地在广播里说道：‘由于一起特殊事件，我们的飞机将降落在最近的机场。’然后就没了下文。

“当时情况紧急，已经没有解释的时间了。所有乘客都被要求回到自己的座位上，系上安全带，收起小桌板并打开遮光板。空乘人员也都系好了安全带，准备降落。忽然，坐在舷窗附近的我看到飞机正在快速下降并掠过一条高速公路，飞机似乎随时都会着陆。机舱内异常安静。大家都感到了事情的严重性。

“我很害怕。我立刻想到了我的孩子们。如果他们变成孤儿怎么办？我变得对各种细节十分敏感。飞行高度的改变、发动机声音的改变、空乘人员表情的改变都被我看在眼里，听在耳中……我留意着一切，开始联想我死后，我的亲人的生活是怎样的。

“我们离地面越来越近，我开始脸色发白，这时邻座的人向我小声地说：‘我们到了。这是个机场。’飞机外是机场的跑道和建筑，还有消防车，远处还有救护车……飞机毫无损伤地降落了。机长平静地让我们离开机舱。我以为大家会惊慌失措。但一切就像航空公司的安全操作演示一样。人们有序地排队，没有拥挤。现场很安静，但是所有人都像我一样十分紧张。最后大家都平安地下了飞机。机场甚至有心理辅导小组在等着我们。两名乘客惊恐发作，一名乘客晕倒了。后来我们才知道，这是因为行李舱里发生了火灾。

“当航空公司的工作人员问我们要不要坐下一个航班时，我拒绝了，选择坐火车回去。我身体和心灵都筋疲力尽……”

我的同事经历了一个恐惧症患者的日常：对细节的过度敏感、坚信生命的最后一刻即将到来、强烈恐惧后的身体疲惫……后来他也乘坐过其他航班，这次经历在他大脑中留下的印记并没有清除，但是被重复的、正常的飞行经历治愈和覆盖了。如果这件事发生在一个易感恐惧的人身上，那么留下的情绪印记会更加深刻。

和飞行恐惧症一样，汽车驾驶恐惧症也很常见，发病人群也有很多不同的特质[16]。有些人在经历车祸后产生了创伤记忆。每每在方向盘面前，与事故相关的不适感就会产生，很多年后仍旧如此[17]。这些恐惧也许还没达到恐惧症的程度，但如果事故再次发生，恐惧症产生的概率就大大增加了。这些患者应该接受以暴露练习为主的心理创伤治疗[18]。有些患者害怕在驾驶过程中失去对自己的控制。他们害怕自己身体不适或者失去意识，因此无法正常驾驶，偏离车道或者冲向其他车辆。这些患者往往也有惊恐发作。也有其他比较少见的情况，比如一个驾驶恐惧症患者也患有其他恐惧症，像害怕穿过隧道的幽闭恐惧症、害怕在山区驾驶的恐高症等。

玛丽亚娜是位 44 岁的医疗秘书。由于恐惧，她几乎从未驾驶过汽车。在非常艰难地进行了五次考试才获得驾驶执照以后，她拒绝驾驶丈夫为她买的二手车。在巴黎居住时她并未受到影响，但搬到外省以后，她每次出行都需要驾车，驾驶恐惧严重限制了她的正常生活。她尝试过驾车，但发现自己完全忘记了如何驾车。如果没人陪同，她哪儿也不能去。在方向盘前面，她非常紧张，驾驶五分钟之后就会停车。她的肌肉已经紧张到了无法动弹的程度。丈夫开始想帮助她重新找到自信，但很快他们就开始争吵。丈夫无法理解她的恐惧，于是，她彻底放弃了驾驶。治疗师为了评估她的问题要求陪同她驾驶。他也由此看到了这位患者的危险性：5 分钟之内，她在十字路口熄火两次；她还在没有打转向灯、没有看后视镜的情况下换了好几次车道；她还显得十分紧张。玛丽亚娜没有表现出任何广场恐惧症的症状。其他交通工具对她来说都不是问题，她也从来没有经历过惊恐发作。

铁路恐惧症或火车恐惧症是比较少见的、研究较少的一类恐惧症。19 世纪火车的发明曾引发很多恐惧。当时的一些学者预言人体无法承受超过 30 千米 / 小时的速度。就像现在的飞机事故一样，最初的几次火车事故也引发了很多讨论。后来随着火车的逐渐普遍，人们逐渐习惯了这种出行方式，直到高速列车出现。与过去可以开窗的、经常停下的传统火车相比，高速列车的环境更像飞机。我们在高速列车上不能打开车窗，也不能时不时停下。穿过英吉利海峡隧道的欧洲之星列车则更封闭。于是，火车恐惧症患者的就诊次数又增加了。一些行为治疗师甚至与法国铁路公司合作，陪同恐惧症患者乘坐巴黎与里尔之间的高速列车，然后再乘坐巴黎到伦敦的高速列车。这些都是非常好的暴露练习。

血液创伤恐惧症

马克是位 32 岁的工人，因恐血症前来就诊。他的父亲和他患了同一种疾病，他们都会在注射或者采血时晕倒。一年前，马克鼓起勇气想要陪同妻子分娩，但他很快感到不适。他本想逞强，但忽然向后倒下，把妻子的胎心监护仪撞倒了，头也撞伤了。他被带到旁边的手术室里缝了 6 针，在那期间，他又一次晕了。当他的大冒险终于结束时，他的女儿也出生了。从此以后，马克的恐惧症又加重了。牙齿摔坏时他不敢去看牙医，也不敢去医院看祖父（“闻到医院的气味就足以让我直接晕倒”）。最近，当他的朋友提到一场车祸时，他让朋友换话题。在看电影之前，他要确定电影里没有任何暴力或医疗操作的画面。每当经过医学实验室的时候，他都会不由自主地换到道路的另一边。他开始无法忍受红肉。“我感到很羞愧。我这样很没有男子气概。我妻子想再要一个孩子。可是我无法再陪同分娩了。这太不正常了……”

所有与恐血相关的恐惧症，比如害怕看到血，害怕注射、伤口、手术等都属于同一类恐惧症。视觉刺激是此种恐惧症的主要原因。同时，这类患者对气味非常敏感，比如新鲜血液的味道、医院的消毒水或麻醉药物的味道。他们也对某些疼痛特别敏感，比如注射的疼痛……他们害怕看别人的血，有的人也害怕看到自己的血，有的女性甚至害怕自己的月经血。害怕牙医的患者害怕血液，也害怕窒息。他们不能忍受嘴里有东西的感觉。

这种较为普遍的恐惧症（4%）与其他恐惧症有明显的区别。很多恐惧症能够造成心跳加快，但不会使人晕倒，但这类恐惧症会令患者心跳放慢，然后晕倒（他们中有 3/4 的人曾在看到或者闻到血液时失去意识）。心跳放慢的现象不会立刻出现。心跳会先短暂加快，如果继续暴露在恐惧源中 10 秒 ~ 60 秒，心跳才会放慢。这类恐惧症患者往往能够感受到恐惧的到来，可以选择逃跑或者躺下，以防晕倒。从演化心理学的角度来看，这类恐惧症可能来自机体在创伤时的自我保护。为了防止过度失血，我们的血压会下降，这样就能减少失血，但也容易晕倒或低血压。这种本能反应在这些恐惧症患者身上会变得过于敏感。

一些男性患者不愿承认自己的病症，因为他们认为这是比较没面子的事情[19]。在很多情况下，10 岁前发病的恐惧症受基因因素的影响较大[20]。

这类恐惧症的影响主要是职业性的。恐血症患者无法从事医生、护士、警察、军人等职业。恐血症父母也无法帮助受伤的子女。但最主要的问题在于他们有回避医疗检查等行为，患者可能会因此忽略自己的身体健康问题，避免采血、打疫苗、动手术或者单纯的就医问诊。牙医恐惧症和血液创伤恐惧症类似，此种恐惧症也对口腔健康十分不利[21]。一个法国团队[22]通过研究证明了很多患有血液创伤恐惧症的糖尿病患者会回避血糖检查，但这些检查对他们而言非常必要，因为这关系胰岛素剂量的调整……因此，这类恐惧症会对患者的身体产生一定的后果，应该引起医护人员的注意。问题是这些患者非常不喜欢去诊所、医院、实验室等机构，他们经常选择逃避，因此医护人员往往发现不了他们的问题。

我曾收到一封失去儿子的母亲写的信，信的内容让人十分痛心。她的儿子死于采血时晕倒所致的脑部创伤。他没有提前告知护士，他的忽然晕倒让所有人吃了一惊。在得知我们医院的血液恐惧症治疗方案以后，她想通过咨询知道到底是什么病以如此荒谬的方式夺走了儿子的生命。

由于血液创伤恐惧症患者倾向于出现低血压和晕倒症状，在暴露练习中，我们应该采取一些特殊的措施，以防止患者晕倒造成意外伤害。我们主要使用两个方法：让患者躺着进行面对练习，让患者通过绷紧肌肉主动提高血压[23]。下面我来详细介绍一下第二种技巧，当患者无法仰卧进行暴露练习时，我们可以考虑采用这种方式。

- 先让患者学会识别晕倒前血压下降时的征兆（血压先上升，接着迅速下降，患者感到眩晕等）；
- 让患者绷紧前臂、腿部、胸部和腹部的肌肉；
- 保持血压上升 20 秒左右（比如一直到脸部有发热的感觉）；
- 让患者放松肌肉（但不要过度放松），重复此练习 5 次。

完全掌握练习技巧后，暴露练习就可以开始了。几次练习就可以取得很好的效果[24]。患者能学会如何不在晕倒前陷入恐惧，并采取适当的应对措施。

患有多种恐惧症时怎么办

一项研究证明，只有 1/4 的特定恐惧症患者没有患上其他恐惧症[25]。虽然其他恐惧没有特定恐惧那么强烈，但这证明某些人对恐惧普遍易感[26]。当然，这并不应该改变我们治疗恐惧症的方法，我们没必要去找一个抽象的“恐惧的根源”。在一般情况下，患者在学会应对第一种恐惧后，其他的恐惧也会随之消退，因为应对恐惧的技巧大致是相同的。

我在去纽约参加精神科学术研讨会期间读过一篇与多种恐惧症有关的文章。文章发表在《纽约时报》上，记者描述了一个末日场景：一架飞机在海面出了事故，掉进海里的乘客随后又遭到鲨鱼的围攻[27]。这位记者用整整一页的篇幅详实地描述了事情的经过，最后还给出一些在这种情况下增加求生机会的建议。这些建议可能对未患恐惧症的人有些用处（毕竟我们无法预知未来），但如果飞行恐惧症或者鲨鱼恐惧症患者读了这篇文章，可能会吓得不轻。

独自面对恐惧

在电影《哈利·波特与阿兹卡班的囚徒》[28]中，魔法学徒哈利·波特需要面对很多考验，尤其是独自面对恐惧的考验。影片通过诗意的画面和噩梦般的鬼怪形象将恐惧展示给了观众。霍格沃茨魔法学校的老师帮助学生学习面对博格特。博格特是一种变形怪，能够变成人最害怕的东西。在一个优美的场景中，每个学徒都要独自面对博格特。由于每个人害怕的东西不同，博格特会变成不同的形状，比如巨大的蜘蛛或蛇、学生害怕的老师……击退博格特的唯一方法就是不逃跑，勇敢面对，利用幽默、反思和魔法咒语战胜它。

但当哈利面对博格特的时候，情况变得很糟，甚至需要老师的帮助才惊险逃生。哈利最害怕的东西是曾经袭击过他的摄魂怪。摄魂怪代表了恐惧。他们通过吞食一个人善良、积极、幸福的一面获得力量，进而致人死亡。他们出场时总会有冰冷的气氛，因为死亡和恐惧常被描写成冰冷的感受。一些短语也由此而来，比如“他被吓得血液凝固了”“我被吓得仿佛血液被冰冻住了”。为了对抗摄魂怪，哈利需要集中全身的力量，紧紧抓住那些美好和幸福的回忆不放。在现实生活中，我们只能独自面对这些最强烈的恐惧，没人能帮助我们。电影想传递的思想显而易见：只有我们自己掌握着击退恐惧的工具。

现在，让我们回到“麻瓜”①的世界。如果有一类恐惧症可以自我治疗，

① 在《哈利·波特》系列小说中，麻瓜指的是像你我一样不会魔法的人。

那就是特定恐惧症，例如动物恐惧症、恐高症、恐黑症和恐血症。提莫西是我一个朋友的儿子。得知我是治疗恐惧症的专家，他特意来巴黎找我。他只有 10 岁，有很多朋友，自认为很勇敢。他非常害怕黑暗，他无法在没有光亮的地方入睡。如果只是在家倒无所谓，但当他去朋友家过夜的时候就有问题了。他不好意思向朋友们承认这种“小宝宝的恐惧”。他一点也不喜欢下地窖。每当妈妈让他去地窖里取洗好的衣服或者爸爸让他取一瓶红酒的时候，虽然很不情愿，他都会强迫自己接受父母的要求。好几次，他都因为跑得太快摔在了台阶上。他常常忘记关掉地窖的灯，也经常因此受到父母的责备。但在相当长的一段时间内，他都不敢向父母承认自己的恐惧。他也会害怕暴风雨造成的停电。当我和他聊起对黑暗的恐惧时，他说他害怕的其实是被怪物或杀手追杀。他知道此类事件发生的概率极小，但恐惧感并没有因此消失。

我向提莫西解释了恐惧是怎么运作的，告诉他当我们向恐惧屈服时，恐惧只会永久延续下去。我还向他描述了如何面对恐惧并将它击退。我们还在他家的地窖里做了一些暴露练习。我让他将自己关在地窖里 15 分钟。最后我们制定了一个策略：提莫西每天都要去一次地窖，独自面对恐惧。他将自己置于黑暗之中，环顾四周，等待恐惧的消失。如果他需要去地窖里取东西，他要慢慢地下楼、上楼。如果恐惧来临，也不要加速逃跑，要回头并停下脚步，看看后面到底有什么；不去联想，因为联想比现实更加可怕。

一个月以后，提莫西给我打电话报告他的进展。他不再怕黑了。他还笑着把电话递给了他的爸爸。他的爸爸第一次向我承认，其实他和他的儿子一样怕黑。

有时我们可以很轻松地克服一些小恐惧，若选择让步，恐惧就会在我们的生活中生根。真正的恐惧症需要专业的心理治疗才能治愈，但也有一些特殊情况……

恐惧症可以自愈吗

对于复杂恐惧症来说，这个问题的答案是否定的；但对于简单恐惧症来说，这个问题的答案是“这是有可能的，只要……”。

只要你除了简单恐惧症没有其他问题，比如抑郁、酗酒、药物滥用或者心脏疾病……只要你遵守我在这本书中提到的基本规则：循序渐进地、经常性地面对恐惧。

如果你不是一个人在努力就更好了。朋友和家人的帮助很重要。有一些协会也能帮到你，比如，法国有一个“勇敢下水协会”，专门组织溺水恐惧症患者集体游泳[29]。

与恐惧症自愈有关的研究还很少，但已经有一些专门为恐惧症患者提供帮助的著作[30]，也有一些帮助恐惧症患者自愈的项目[31]，有一些还可以在网上找到[32]。这都是学界在恐惧症自愈领域的初步尝试，也许能够帮助那些病情不严重的、有自愈动力的恐惧症患者。

如何治疗特定恐惧症

特定恐惧症可能是最容易治疗的心理疾病之一。只要应用正确的方法，特定恐惧症通常能得到较好的治疗。正确的方法就是通过渐进暴露练习进行恐惧脱敏。在前文中我已经详细介绍了这一行为疗法，这里我再粗略地重述一下该疗法用于治疗特定恐惧症时的思路。

认知行为疗法对于特定恐惧症的治疗效果显著。大约 80% 的患者能得到有效的治疗（见表 7-2）。在一般情况下，只有病情较严重的特定恐惧症患者才会选择就医。这也间接证明了认知行为疗法的有效性。至今还没有任何研究证明药物对治疗特定恐惧症有用。

表 7-2　认知行为疗法对特定恐惧症的疗效 [33]

特定恐惧症的种类	病情好转的比例	平均治疗时间
恐高症	77%	4 小时
动物恐惧症	87%	2 小时
血液恐惧症	85%	5 小时
注射恐惧症	80%	2 小时
幽闭恐惧症	86%	3 小时
牙医恐惧症	90%	7 小时
飞行恐惧症	80% ~ 90%	6 ~ 8 小时

注：此种疗法之所以有效，主要有两个原因。第一个原因是，此种研究一般是由高度专业的研究团队进行的。第二个原因是参与治疗的患者是“单纯”的恐惧症患者，也就是没有其他心理疾病的患者。如果患者同时患有其他心理疾病，那么治疗时间也会相应延长。

治疗方法很简单。首先，我们要向患者解释恐惧的运行机制和治疗的目的（控制恐惧，而不是让恐惧彻底消失），接下来我们要做以下事情。

- 与患者确定恐惧源。比如，如果患者害怕大蜘蛛，我们要了解患者是害怕被大蜘蛛袭击，还是怕被它咬伤；了解恐惧的对象究竟是什么。有的患者甚至不知道自己害怕的究竟是什么。
- 列一个可以面对的恐惧事物清单，可以先从面对图片或想法开始，然后再让患者面对真实的场景。
- 学习一个放松技巧。
- 确认患者知道的与恐惧有关的信息是否正确。
- 与患者讨论灾难联想，并让其学会反思。
- 开始治疗练习，并交代患者在家中也要经常做一些简单的练习。

以下是我为一个恐犬症患者设计的脱敏练习清单。

- 我看杂志上恶犬的照片。
- 我站在一条被主人牵着的狗的附近 10 米左右。
- 我走近几米。
- 我去卖狗的地方看看。
- 我去院子里有狗的人家附近散步。

- 我和牵着大型犬的人聊天，并保持1米左右的距离。
- 我摸小型犬。
- 我摸没被牵着的大型犬。
- 我蹲下来摸一条大型犬。

某些特定恐惧症的特殊治疗

特定恐惧症通常只要几个疗程就能被治愈。最常见的治疗方案包括五个疗程。

几项研究也证实单次3小时的治疗对几种特定恐惧症的有效性，比如蜘蛛恐惧症[34]和注射恐惧症[35]。单次治疗的好处（操作简单、节省时间）可能会促使治疗师更倾向于使用此技术。单次治疗也可以与小组治疗相结合，可以用于治疗一些特定恐惧症，例如蜘蛛恐惧症[36]。一年后的跟踪调查显示，这一治疗技术的疗效保持情况良好。

但还没有研究证明单次治疗效果的保持时间和传统治疗一样持久[37]。在缺乏专业治疗师和治疗中心的情况下，减少治疗时间是个不错的选择。但为了保证疗效，治疗师仍需要确保暴露练习的时间不被压缩。

虚拟现实应用于特定恐惧症的治疗

由于各种原因，现实场景的暴露治疗往往很难实现。某些地区的治疗师数量很少，有些恐惧症的性质导致治疗师很难陪同患者在真实场景中进行治疗，也很难要求患者独自进行暴露练习，例如飞行恐惧症。这时，虚拟现实就成为一项有用的技术。利用虚拟现实技术治疗特定恐惧症已经成为多项研究的关注对象。这项技术对治疗蜘蛛恐惧症、飞行恐惧症、电梯恐惧症以及恐高症的有效性都得到了证明[38]。

本章提到的患者后来怎么样了

弗朗切斯卡的鸟类恐惧症

弗朗切斯卡在经过四十多次治疗后痊愈了。治疗的次数如此之多是因为她的恐惧非常强烈。每次进行真实场景治疗之前，我们还要做联想准备工作。在适当放松以后，弗朗切斯卡想象自己处于她害怕的场景中。如果在想象中她都会惊恐发作，我是不会让她去做真实场景中的暴露练习的。

练习的步骤如下。

- 仔细观察鸽子的图片。

- 看鸽子的视频（她丈夫在楼下的广场拍摄的视频）。
- 开始接近有鸽子的广场，并远远观察。
- 去养鸟场。
- 接近装有斑鸠的笼子。
- 将手伸进笼子，准备与鸟接触。
- 触摸并随身携带在广场捡的鸽子羽毛。
- 在她认为“鸽子泛滥”的广场找一张长椅坐一会。
- 喂鸽子。

弗朗切斯卡的治疗非常生动，因为常常有很多人围观。她会用意大利语尖叫道：“妈呀！”她的惊恐中混杂了一丝“治疗真的管用”的满意。因此，路上的行人常常过来向她提供建议或帮助。治疗的最后，认识我的养鸟场主人（因为他参加过我多位患者的治疗）建议弗朗切斯卡把一只小斑鸠捧在手中。她被这一场景深深打动了。因为她意识到手中的小动物是多么脆弱。她后来对我说：“我不应该害怕如此脆弱的小动物。”尽管如此，我还是认为弗朗切斯卡永远不会变成鸽子爱好者……

罗斯玛丽的溺水恐惧症

罗斯玛丽在我这里进行了大概十几次治疗。她也从“勇敢下水协会”那里获得了帮助。这个协会帮助溺水恐惧症患者在游泳池内进行暴露练习，这些练习往往非常有效。

以下是我们共同进行的及我向她提议的训练。

- 漱口练习，让喉咙适应水。
- 在口中含水的情况下说话，适应被水呛的感觉，因为她害怕呛水导致窒息。做这个练习时，氛围非常欢乐。患者和治疗师两个人嘴里含着水说话的场景让人忍俊不禁。
- 尽量长时间闭气。
- 将头部扎进装满水的洗手池中。
- 买一个潜水面罩。让售货员解释面罩的用法，在浴缸里试着使用。
- 先在一个朋友的陪同下去游泳馆。然后自己去游泳馆，告知救生员自己的恐惧，万一溺水，他会注意到患者。最后以普通人的身份去游泳馆游泳。

治疗完成后，罗斯玛丽接受了朋友发来的游轮旅行邀请，并度过了一段愉快的时光！

玛丽亚娜的汽车驾驶恐惧症

玛丽亚娜的治疗持续了一学年的时间，经过了 15 次治疗。

有了最后几次事故频出的驾驶体验后，玛丽亚娜接受了每周一次的在教练指导下的驾驶练习。这位好心的教练就住在玛丽亚娜家附近的街区，他也同意采纳治疗师提出的建议。练习的目的不是学习驾驶，因为玛丽亚娜早就学会了驾驶，而是让玛丽亚娜在一个比她丈夫还有耐心的人的陪同下，学会控制驾驶过程中的恐惧。同时，治疗师教她一些放松技巧，以角色扮演的方式，让她预演一些场景，比如与另一辆车发生剐蹭会怎样，如何回应一些性别歧视的男性司机的指责（她非常害怕诸如“啊！又是女司机”一类的指责），如何填写事故记录等。由于玛丽亚娜最怕在路上熄火后无法重新启动汽车而导致道路拥堵，治疗师建议她尝试实践这一灾难联想。于是她和治疗师一同出发。先由治疗师来驾驶。治疗师让玛丽亚娜推测如果他们的车堵住了道路，在他们假装努力打火发动汽车的时候，其他司机会等多久才鸣喇叭、多久以后这些司机会开始生气并下车发牢骚。玛丽亚娜认为其他司机会立刻鸣喇叭，他们会采取很暴力的行为，治疗师很可能遭到抗议。治疗师将这项试验做了 6 次，玛丽亚娜发现其他司机似乎没有她想象得那么暴力。6 次试验中的 3 次，一些司机在等了很长一段时间后才表示不满。而且，治疗师没有让步，每次受到指责，他都多等了 30 秒才将汽车启动。后来，玛丽亚娜渐渐可以在附近的街区驾车，先是在一个好朋友的陪同下，后来可以自己驾车了。几个月以后，她已经可以正常驾车了。但现在最不容易做到的是说服丈夫再次把车借给她……

马克的恐血症

为了治疗恐血症，马克进行了多次尝试，我为他进行的治疗也中断了两次。他很害怕晕倒，而且特别害怕去医院。他不喜欢医院这个地方，因为那里有很多针管。他也不喜欢医院的味道。后来，他的恐惧症经过二十多次治疗终于痊愈了。

我首先教马克做了一些呼吸放松练习，然后又教他通过轻微提高血压来防止晕倒——把拳头用力攥在胸前，收紧胸部和腹部的肌肉。

我还向他解释迷走神经性晕厥是怎么回事以及晕厥会有什么后果。晕厥最严重的后果就是摔倒，如果不想摔伤，只需事先提醒周围的人，承认自己有晕血的可能，并在需要的时候及时卧倒，不要故作镇定。即使失去意识也没关系，因为持续的时间非常短暂，一般几秒之后就可以恢复，而且不会导致任何后遗症。

之后，分阶段暴露练习就开始了。我让他念一些词，比如血液、扎针、针头、针管、动脉、采血、化验室、手术……然后我让他看医疗教材里打疫苗和采血的照片。我收集了很多这类书籍，专门用来治疗血液恐惧症。我把这些书借给了马克，让他坚持在几个星期中每天都看一看。我还让他观察他和其他人手臂弯曲的地方。奇怪的是，他很不喜欢看身体的这个部位，可能因为他一看到这里就会想到针头扎入血管的画面。慢慢地，马克开始可以看包装纸里的注射用针头。我让他触摸包装纸里的针头，再打开包装纸，将针头拿出来。“我觉得自己就像睡美人一样。”他紧张地笑道。确实，他拿着针头的样子就好像拿着易燃易爆品一样。

治疗接近尾声时，我让他用针头轻轻扎自己，但无须扎出血，先是扎在指腹上，然后扎身体的其他部分，最后扎手臂弯曲处。接下来我还向他展示我是如何稍稍用力将自己扎出血的，他也照做了。然后，一个护士在他身上模拟采血，在他的注视下完成了采血的一般步骤，但在针头扎入身体之前停止了操作。进行几次这样的模拟训练后，马克同意接受真正的采血操作，这也可以让他做一做已经推迟了几年的身体检查。马克感到了晕厥的冲动，但他第一次没有被吓倒——之前的谈话和练习起作用了。

最后，我们去了医院的化验室，我提前告知化验医师。化验医师为马克进行了详细的讲解。他鼓起勇气提了很多问题，我们也对他进行了第二次采血。这一次他虽然也感觉到一些不适，但最终做到了成功地调节。化验医师还告诉他，像他这样晕血的人，她每天会遇到很多。

治疗结束后，马克和他的妻子开始尝试要第二个孩子，这次马克不再害怕产房里可能发生的一切。我等着他们的喜讯，但是我承认，我也在等产后报告，主要是爸爸的“产后报告”……

虽然简单，却无处治疗

特定恐惧症的治疗往往非常生动有趣，因为我们很少能够坐在办公室里治疗这类恐惧症。因为我的患者，我学会了捉蜘蛛，我还读了很多与动物有关的心理学书籍，去了巴黎各种动物聚集的地方。

但是我也发现了一个矛盾的地方。虽然特定恐惧症比较容易治疗，但是患者很难找到专业的治疗师。很多治疗师喜欢坐在办公室的沙发上与患者探讨过去，或满足于给患者提供几个建议。

幸运的是，越来越多的治疗师加入了我的行列。前几天，几个精力充沛的年轻心理学实习生向我借摄像机，用来拍摄巴黎圣叙尔比斯广场的鸽子。他们要向一位鸟类恐惧症患者播放这些视频……

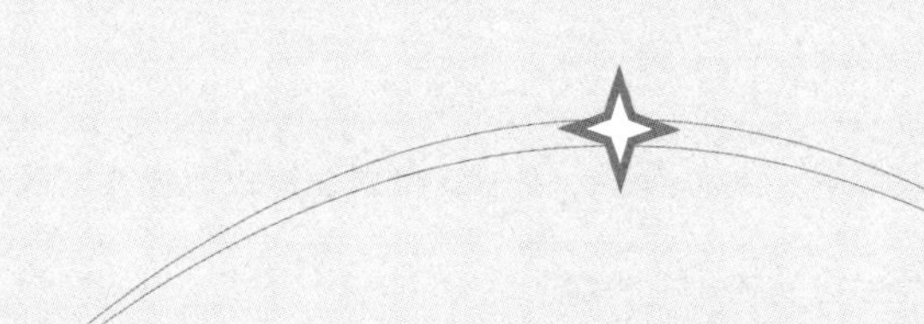

第八章

社交恐惧和社交恐惧症

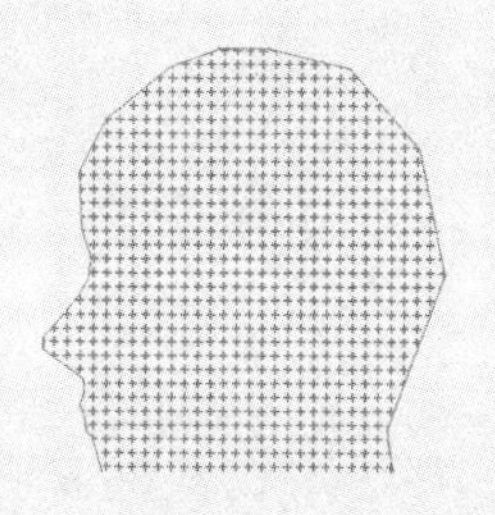

这是最具摧毁性的一类恐惧症，因为这类病症摧毁的是我们被孟德斯鸠称为“社会性动物”的特质。

这类病症会夺走我们最珍贵也最必要的东西——我们的情感食粮，而只有情感食粮能让我们的生命一直有意义。

当然，我们可以和一些良性社交恐惧共存，比如临场紧张、害羞。但如果我们患上了严重的社交恐惧症，我们就只能勉强生存。

很久以来，社交恐惧症都被忽略。如今，心理治疗师已经知道如何平复这种自我情绪波动。虽然实践的过程非常痛苦，但效果非常显著。

“害羞是我生命中的缺陷。”

——孟德斯鸠

下午 6 点，巴黎地铁 6 号线，冰库站。

在拥挤的地铁里，车厢一头一位年轻女性用夸张的手势和响亮的声音向车厢另一头的人打招呼：“嗨！让－菲利普！你好啊！最近怎么样？”让－菲利普显得有些不好意思。一些乘客抬起头，饶有兴趣地关注着事情的进展。男孩的脸红了，但还是选择了回应，他在嘈杂的环境里大声回应。

“嗨！我很好！你呢？你怎么样？”

“我很好，谢谢！你还在附近工作吗？”

“是的，是的……”

“好，那就下次再见了！”

“好的，下次再见……”

这时，大部分乘客都抬起了头。在巴黎的地铁上很少有这样大喊大叫的人。对话结束以后，大部分人回到了他们原来的状态，继续阅读、神游、小憩。让－菲利普又和他身边的红头发女性聊了起来。她微笑地鼓励着他。接下来他开始仔细观察车厢中的每个人。开始时他有点儿紧张，几分钟过去后，他终于放松了下来。15 分钟以后，让－菲利普和他的红头发朋友一起下了地铁。车厢另一头的那位女性也下了车。他们三个聚在一起聊了一会儿，时不时还发出大笑声。下一班地铁进站了，他们三人一起上车，又开始了新一轮的演出……

如果有一天你看到这样的场景，那你可能正在目睹我们社交障碍小组的心理治疗现场。你可以过来跟我们打招呼，把你的想法告诉我们，这会让我们非常开心。你也有可能在人行道上看到我们，我们正在观察停在红灯前的汽车司机。天气好的时候，你也可能在咖啡厅的露台上看到我们笨拙地打翻了一瓶汽水，吸引了所有顾客的目光，让匆忙赶来打扫的服务生颇为不满。有时，我们会满头大汗地去买报纸，我们专门为此准备了喷雾。更多的时候，我们会拦住 10 个行人向他们问路、问时间，我们会保持微笑并努力直视他们的双眼。总之，我们努力训练自己适应各种社交场合。

让人恐惧的社交

生活中一些本来应该很惬意的事情也可能变成一种折磨。我们的社交生活也是如此，有些社交场合会变成令人痛苦的恐惧的来源。

很多人都曾在某些社交场合中感到尴尬，比如在公众面前讲话、遇到过于热情的陌生人、要求升职加薪、向喜欢的人表白等。被心理学家称作“社交焦虑”的现象是一种我们每个人都有的情绪。这种情绪可能是良性的，也有可能变成病态的、摧毁性很强的心理疾病。它有以下特征：

- 在社交场合感到不安，从简单的局促不安到惊恐发作；
- 过度在意别人对自己的注视和评价；
- 过分注意自己的想法和感受，不注意社交场合。

社交恐惧

社交恐惧多种多样，大致可以分为五类。可以说，社交恐惧主要是对他人目光和评价的恐惧。很多人会害怕别人的评价。有的人只害怕某些场合中的评价，有的人害怕所有评价（见表 8-1）。

表 8-1　社交恐惧的场合

恐惧场合	案例
展现场合	参加考试或面试、做口头展示或介绍、在某个仪式上发言……
观察场合	在做某事的时候，例如走路、进食、喝水、写字、驾驶、停车或者不做什么特别的事情时，被人注视（或以为被人注视）
自我肯定场合	维护自己的权益，发表自己的观点，表达自己的需求，例如讨价还价、投诉、表达自己的反对意见……
自我表达场合	将自己较深层次的想法表达出来，例如与人相识、培养友情或爱情……
表面互动场合	和他人进行非正式的、浮于表面的谈话，与邻居、商贩或同事寒暄

展现场合

展现场合包括所有我们害怕被人评价的场合。我们面前有人评价我们做的事情或我们说话做事的方式。考试、工作面试和口头介绍及在公众面前讲话都属于这种场合。几乎所有人都体会过这种恐惧。正常恐惧和恐惧症的区别不在于能否感到恐惧，而在于能否克服恐惧。表演艺术家每次上台之前都会紧张，但这种紧张感会在表演过程中渐渐消失。如果做不到如此，他们就只能放弃演出。

普通人的强烈恐惧也是个问题——他们不得不因此放弃所有在公众面前讲话的机会。他们无法在家长会上表达自己的想法，无法在某些仪式上发言，无法做口头演讲，无法参加会议……我常常和身边人讨论这种恐惧，比如和我的一个邻居，让，讨论这件事。他说："我和人交往没有任何问题。我很喜欢和陌生人接触、和他们聊天。我也知道如何实话实说，如果我有不同的观点，我能够说出来。总之，我不是一个害羞的人。但是有一种场合我实在无法面对，那就是登上讲台演讲。即使我认识所有听讲座的人，我也总感觉演讲的时候有什么不太一样。我会忽然感觉周围的所有都在围着我转，我想不起自己想说什么，我说话开始不利索，我仿佛在我的躯体之外看着自己，我无法直视别人的眼光。我从未成功克服这样的恐惧。从小到大，我一直不敢在黑板前讲话。工作后，我曾经拒绝升职加薪，就因为新的职位需要做口头演讲。这也许都没什么，但让我觉得不可思议的是，仅仅几米的距离就能彻底把集体的温暖变成令我痛苦的体验。"

观察场合

观察场合指的是那些我们在无意之中被别人关注的场合，比如，在拥挤的咖啡厅露台上穿行；看电影或话剧时迟到，不得不从其他观众面前走过；吃饭的时候给身边的朋友讲故事，但引起了其他人的兴趣。这种恐惧很多人都有。

我的一个朋友曾经对我说，有一次她去参加一场婚礼，她不太认识婚礼上的其他人。她选择去一个小池塘划船打发时间。刚划到池塘中心，她发现所有人都在看着她。她觉得一切都变得不那么有趣了。“所有人都看着我，但我又听不到他们在说什么，这种感觉难受极了。我感觉越来越差，赶快把船划回了岸边。我感到自己在轻轻颤抖，过了一刻钟才慢慢平静下来……”很多人在忽然成为大家关注的焦点时都会有这样的感受。这种强烈的动物性的恐惧有点像惊恐，让人想要逃离现场。

自我肯定场合

这也是社交恐惧中很经典的一类。申请升职加薪、向心爱的人表达心意、让吵闹的邻居把音响的音量调小或者简单地说“不”，对很多人而言，这些都是比较微妙的社交场合，但也不至于引起强烈的恐惧情绪。但是对于一些害羞的人来说，这些场合非常难以忍受，以至于他们会极力避免出现在这样的场合中。

伊夫是一位桥梁工程师，他说：“很久以来，我都无法承认自己缺乏信心。但是今天我可以勇敢地承认，我不敢对别人说‘不’。当我在鞋店试了十双鞋时，我不敢对售货员说我一双都不买；当我的同事将工作推给我时，我不敢说我没有时间；当电话销售人员在午饭时间向我推销产品时，我不敢说‘请不要打扰我’。就连我的孩子也知道利用我的这个弱点。我一直对自己说，这没什么，只是我这个人太好了。但是最近我明白了，这跟我人好没什么关系，这是我的弱点，是一种恐惧。我害怕别人的回应，害怕他们生气，害怕他们因为我说‘不’而不喜欢我。当我明白这一切以后，我就决定改变自己。我是要做一个好人，但不能因为恐惧而做好人！”

自我表达场合

自我表达场合指的是我们向别人介绍自己的时候。对一些人来说，这些场合让他们很不舒服，尤其是当他们觉得自己的某方面低人一等时。伊夫失业的时候很害怕去不认识的人家做客。他害怕别人问他“那您呢，您是做什么工作的”这个问题。对“低人一等”的恐惧会让一些人采取回避行为，或与人保持一定距离。有的人也会用频繁的幽默和自贬来逃避恐惧。

弗洛尔就是这样的。她的一位同事这样描述她：“刚开始我觉得她是个很幽默的人，她很喜欢拿自己的一些小毛病、小缺点开玩笑。我觉得这种能对自己进行反思的人实在太少见了！但是，和她共事几个月以后，我发现我们并不了解她，也不知道她真实的想法，尤其是她的感受。当我仔细回想时，我发现她从来不表达自己的观点，从来不展示她的情绪。当她遇到困难时，她在开玩笑；当她成功完成任务时，她也在开玩笑。我们永远都不知道她真实的想法。因此，很多同事都不太喜欢她，因为他们不信任她。我和她成了朋友，所以逐渐对她有了一些了解。我发现她是一个非常敏感且容易不开心的人。她害怕不被别人喜欢，并且坚定地认为别人不会对她感兴趣。她的幽默成了自我保护的外衣，如果没有这件外衣的遮掩，她觉得自己会暴露在别人的目光中，她会感到自己很丑陋……”

表面互动场合

家长里短的寒暄是怎么变成让人害怕的场合的呢？当热闹的聚会忽然被沉默笼罩，很少有人能够享受这安静的瞬间，更不用说聆听炉子里火苗的声音、细品杯中的美酒、在和他人共享的晚餐中感到愉快。沉默往往令人尴尬。谁没有和一个不太熟悉的人一同乘电梯或乘汽车出行、不得已找话说的经历呢？这些经历大多不太舒服吧？对沉默和寒暄的恐惧并不少见，但在这种恐惧后面还有一层更深层的恐惧，那就是对在他人面前无法展现自己最好的一面的恐惧。这些社交恐惧程度一般比较轻微，但会对社交恐惧症患者会造成极大的痛苦。

恐惧之外的羞耻感

社交恐惧往往是和其他情绪交织在一起的。

恐惧往往处在中心位置。在准备一场口头演讲时，你会提前感受到一种被我们称作“焦虑”的恐惧。到了你上场的时候，你会感到恐惧的躯体化，比如心跳加快、胃痛或喉头发紧，这是临场紧张的表现。在严重的情况下，有的人会惊恐发作，进而无法完成演讲，必须提前结束。

除了恐惧，我们也会感到尴尬、羞涩，甚至产生羞耻感。恐惧是面对危险时的情绪，而羞耻感是我们坚信自己在别人的注视下无法克服恐惧时的情绪[1]。哲学家沃弗纳尔格写道："羞涩可能是由对责备的担忧引起的，羞耻则一定是这样产生的。"很多社交恐惧都是害怕别人的批评造成的。当这种担忧未经现实的确认，只得到我们主观的承认时，我们感受到的情绪就不再是恐惧，而是羞耻了。如果我有赤面恐惧症，我害怕在别人面前脸红，当我真的脸红时，我感到的就不是恐惧，而是羞耻了。这时我只有一个想法，就是逃走。羞耻感比恐惧感的摧毁性更强。它更加持久，对人自尊心的伤害更大。在社交生活中经历羞辱以后，我们有可能会持久地孤立自我。

很多有社交恐惧症的人都曾有过强烈的羞耻感，比如巴斯蒂恩。"我总是怀疑自己，我无法尊重自己。我通常都可以忍受这些负面的想法，虽然它们令我非常痛苦。我从童年时期开始就变成了这样，慢慢地就习惯了。但每次受到挫折时，我都会感觉很差。每次我试图战胜自己的恐惧感，比如在会议上发言、和陌生人说话或者表达自己的反对意见时，结果都很不好。我说的结果不好就是别人很友善地表达不赞成我的观点，但是我仍感到非常羞耻，无法继续和人正常交流，只能假装听别人讲话，而其实我在不停思考我是应该坚持自己的想法还是改变主意。我只能假装做到我还在谈话，但事实并非如此，我已经逃避到自己的想法里了。我知道接下来会发生什么。回到家后，我会把所有说过的话在头脑里回放一遍。当然，回放的时候我会着重留意自己的愚蠢无礼之处。这些经历带给我的不只是简单的想法，它们会变成一种痛苦的情绪，在羞耻感的推动下迅速蔓延。此后，我每次遇到那个见证了我的愚蠢的人时都会觉得无颜面对。其他人都不知道我怎么了，觉得我很奇怪……”

最严重的羞耻感在心理学上被称作羞耻发作。有这种感受的人会感到一种紧急的危险，就像恐惧情绪，但这种危险来自社交，他们担心自己会在别人眼中完全失去尊严。动物学家认为，羞耻感源于群居动物的主导和从属关系。他们强调，只有考虑到从属关系的本能反应，我们才能更好地理解社交恐惧的运行机制[2]。社交恐惧来自两种原始恐惧：童年就有的对陌生事物的本能恐惧以及对失去地位或即将失去地位的羞耻感。每种群居动物，包括人类，都需要从自己的行为中感受其他成员赋予我们的社会地位。当这个地位被质疑时（比如某个雄性动物被其他雄性动物打败时），动物就会表现出羞耻感，在一段时间内避免和其他成员目光接触，并自我孤立……

尴尬、羞涩、迟疑，这些由羞耻感引发的情绪从一定程度上导致了社交恐惧的产生。盎格鲁－撒克逊人用自我意识情绪（self-conscious emotions）一词来概括这些由过度的自我意识带来的情绪[3]。很多由此种情绪造成的痛苦都与我们用过于严格的标准审视自己有关。

与很多恐惧一样，社交恐惧也可以根据恐惧源、恐惧强度和恐惧涉及的场合被分为几大类。我们现在就来讲一讲三类社交恐惧：临场紧张、害羞和社交恐惧症。

一种爆发性强但影响有限的社交恐惧：临场紧张

临场紧张是一种正常的社交恐惧。这是一种突发的、有躯体症状的恐惧，比如心跳加快，甚至心跳过速等。有些人心跳快到他们以为别人也能听到。他们还会害怕别人看到他们脖子上青筋突起。

临场紧张一般会被归到“展现焦虑”当中，易感人群包括艺术家、运动员、演讲者、参加考试和工作面试的人等。恐惧强度会在面对展现场合之前达到顶峰，然后逐渐下降；一般会在展现过程中消失。上台以后，这种恐惧下降到可以接受的程度，然后我们会慢慢将它遗忘，把注意力集中在要展现的内容上。

面对临场紧张

人类很早就意识到良好的口才是表达自己的想法和维护自我利益的最佳工具。我的一位患者送给我一本很有意思的书。这本书出版于 1824 年，书名为《如何成为成功人士：沙龙领袖》。领袖（coryphée）一词原指古代戏剧中的领唱。如今，很多有关商业心理学的著作都鼓励人们克服临场紧张。但来我这里咨询如何克服临场紧张的人不只是企业领导和艺术家，也有不敢在家长会上发言的父母。这种恐惧最常见的表现形式就是不敢在公众面前讲话。那么我们应该怎样帮助这些患者呢？我曾帮助一位医生同事学会不紧张地在公众面前讲话。我们暂且叫她安娜。

安娜经常授课，但她很不喜欢讲课的体验。只有课前做了充足的准备，她才敢上课。讲课的前一晚，她一般会因为感到紧张而睡不好。她害怕讲课时大脑空白，也害怕学生提问题，更害怕自己无法回答问题。她也不喜欢每周一的医院科室的会议。科室主任、主治医师、实习医师和护士会在开会时聚在一起讨论患者的病情。让她最害怕的是她不得不参加的学术研讨会。每次轮到她发言时，她都会不在状态，不停地盯着自己的笔记和讲稿，就像落水的人抓着救生圈一样，不停地问自己什么时候才能结束。她基本不看其他人，还会故意比规定时间多讲几分钟，这样就能避免问答环节。她害怕其他同事指出她研究的不足之处，或者故意问一些刁钻的问题。安娜觉得自己要把一切都准备好，她不允许自己有任何不完美之处。如果在讲课或者做学术报告的前夜读到相关著作，她有可能彻夜不睡把著作读完，并将其加到课件或报告当中。下面，我简单讲讲我是怎么帮助安娜的。我的建议也适用于其他需要克服临场紧张的场合。

改变视角

和很多临场紧张的人一样，安娜对人际互动的理解有一定的偏差。在恐惧的影响下，她把人际交往理解为对主导权的争夺。她的临场紧张使她无意识地认为人际互动只有两种可能：主导和被主导。当她讲课或做报告的时候，她看到的都是与她敌对的人。但实际上，来听课或听讲座的人并不是抱着“摧毁”她的目的来的。

参加别人的讲座时，她也经常抱着让别人难堪的目的，想要指出别人的不足，或者指出别人没有讲到的点，好显得自己很优秀。但实际上，她不敢发言，一想到举手发言就心脏狂跳不止。

我和安娜进行了几次长谈。我向她解释了她的视角存在哪些问题。一是她的视角和现实不符。持有批判和敌对态度的人虽然存在，但绝不是多数。那么我们为什么要把注意力放到他们身上呢，为什么要把自己囚禁在一种斗争的状态中而不进入交流的状态呢？斗争的状态还非常消耗我们的情绪，因为要时刻准备好口头作战，我们不得不绷紧神经，这样更加重了临场紧张。二是这种视角也会导致有害的结果。它会使临场紧张的人要么无话可说，要么立刻说一些具有攻击性的话。而在这两种情况下，讲话的人又会错误地认同敌对的视角。

我们通过角色扮演研究了一下如何采取一种更加积极的发言方式。比如，在听别人做报告的时候培养一种新的习惯，不再想方设法打败别人，而是通过一些表达方式让交流和提问更容易："非常感谢您的讲座。我觉得您讲得特别好。请问您是否可以在某点上更加详细地讲解一下……"安娜开始担心这样的态度会显得自己像在"拍马屁"，并且对学术探讨没有什么推动作用。我让她无论如何先试试看。当她再次找我谈话时，她惊讶的同时又如释重负，她说："你的方法确实管用。我试了好几次。我甚至偷偷观察了别人的做法，发现很多人都这样做，尤其是那些看起来很自信的人。而我一直以为，要想得到别人的尊重，首先要让别人害怕自己……"慢慢地，安娜学会了不将全部注意力放在显得冷漠和敌对的人身上。她开始关注所有观众，尤其是那些面带微笑的友好的观众。她说："我的临场紧张减少以后，我感觉我的观众都变了，这太神奇了……"

处理意外事件

安娜感受到的临场紧张使她遇事呆板、不灵活。她在讲课的时候，如果忽然忘记了讲课的内容，或者幻灯片的顺序出了问题，会立刻紧张起来，内心十分混乱，好像什么灾难即将发生一样。我们也就此话题进行了讨论。通过角色扮演，我鼓励她寻找更加放松地面对公众的方式。比如："哎呀！我讲到哪儿了！我忽然想不起来了！等等……算了……我还是继续往下讲吧，也许讲着讲着就能想起来了。"或者"坏了！我的一张幻灯片不见了。跑哪儿去了？请大家等我一下……"

开始的时候，安娜非常不能接受这样放松的处理方式。她觉得这是对学生不负责任的行为。但我让她无论如何先试试看。我让她做了以下练习：在播放下一张幻灯片前留一点时间，让学生暂时休息一下；假装忘记了要讲的内容，然后放松地向学生解释；故意找不到一张幻灯片，找一找，然后接着往下讲。她照做了，她没有遇到任何问题，反而发现了这种更加放松的态度的好处。

放弃完美主义

我和安娜也就完美主义进行了讨论。她的完美主义体现在很多方面，包括在公众面前讲话。努力做到最好固然值得赞赏，但强迫自己做到完美有可能起反作用。安娜就是一个例子，她对自己的高要求反而降低了讲课的水准。

在这个方面，我也让她通过实践意识到自己的问题，比如备课时降低标准（按照她的标准就是正常备课）。一段时间后安娜发现，她的准备也许不像原来那么充足，但她的教学水平却有所提高。她的学生不再淹没于过多的信息之中。她曾以为这些信息是必不可少的，这是因为她的自信不足。她也从以前很难理解的课程中脱离，花更多时间向学生解释他们不懂的地方。

还有一件事情给她留下了很深的印象。有一次，她去听一个她很尊敬的同行的讲座。讲座快要结束时，一位观众提了一个属于演讲者专业领域的问题，但是他不知道怎么回答。于是这位演讲者直接说道："我不知道如何回答您的问题。在座的各位有知道的吗？"一位观众举起了手，并做出回答。演讲者并没有感到难堪，反而高兴地说："现在我们知道答案了。"讲座结束后，安娜向这位同行表达了祝贺。她也顺便提起了这件小事。因为在目睹这件事情发生时，她感到了自己的焦虑。但是这位同行说："我总是努力做到尊重听我讲座的人。我早就放弃了做一个全知全能的人，即使在我的专业领域，我也不再这样尝试。因为这太累了，造成的压力太大了。所以我决定只掌握最基本的、最重要的知识，并做到及时更新，表达清楚。其他的我就不管了……"

经常练习

如果不经过重复的训练，任何心理变化都不会持久。决定改变自己以后，安娜就要求自己在每次会议上都主动发言或提问。开始时这并不容易（她发现自己虽然有话要说但也常常保持沉默），但这渐渐成为她很喜欢的一个游戏。

通过经常在公众面前讲话，临场紧张问题是完全可以得到改善的。但并不是每个人都有机会经常讲话，有 1/3 的成年人从不在公众面前讲话。这时，他们需要做的就是抓住每个可以讲话的机会，而且不能等着机会到来，要主动参与一些活动；也可以找一些专门帮人提高这方面能力的机构——这样的机构已经开始出现了[4]。

与其他行为疗法一样，我们总是从简单练习开始，以复杂练习结束。我们在治疗过程中不断反思，其他想法也会渐渐出现。随着安娜的情况越来越好，她也会和我探讨一些童年发生的事情，她和父母的关系是导致她临场紧张的因素之一。30多岁的时候她才意识到，同为医生的父亲也是个临场紧张的人，也曾逃避各种讲话的场合，但他很巧妙地掩饰了自己的缺点，以致她从来没有发现父亲的这一缺点。现在她明白了，正是由于这个缺陷，父亲想方设法地要求她做到完美。她长年累月地按照父亲的要求强迫自己，导致自己变得越来越不灵活。这样的反思加速了她心理变化的过程，也引发了生活中其他方面的变化。

一种轻微却令人烦恼的社交恐惧：害羞

害羞是一个很难解释的概念，仅心理学的定义就有二十多个。我们一般用这个词形容那些遇到陌生的人或事物时抑制和隐藏自己的人。害羞这个现象很早就被作家注意到并进行了描写，后来才引起了心理学家的注意。虽然长期被当作一种良性的现象，但害羞也可能影响人的生活质量。根据多项调查，60%的法国人认为自己害羞。害羞也代表了很多复杂的现实。有暂时的害羞（只在很重要的人面前表现出来的害羞），也有在任何人面前都会表现出来的害羞。

有些害羞是内在的，外人几乎看不出来这种害羞。儒勒·列那尔称之为“察觉不到的害羞”。有些害羞是外在的，是可以察觉到的，只有一些微小的细节不会被旁人注意到，比如一些表示尴尬的动作、犹豫、口吃等。

我们一般认为害羞体现在以下三个方面。

- 情绪方面通常有躯体表现：心跳加快、口干、脸红……
- 行为方面有社交抑制现象：不主动和人说话、等别人发言……
- 心理方面有一种自我斗争：想要主动接近别人，但又害怕不被他人接受。

对害羞的人来说，所有的“第一次”都是困难的：与别人的第一次见面、第一次工作、第一次搬家……但随着时间的流逝和经验的增加，恐惧会逐渐消失。这时害羞的人也能找到社交的愉快之处。但害羞的人往往缺乏自信，他们经常贬低自己，觉得自己不如别人……这使他们对失败和批评特别敏感，因此，他们不爱冒险，也很难做出改变。

面对害羞

“我无法战胜我那愚蠢而又讨厌的羞涩……”卢梭曾在自传里这样描述害羞带来的痛苦。虽然害羞不是一种疾病，但它对我们生活质量造成的影响不容忽视。它导致我们错过一些机会，使那些能力不如我们但更加自信的人占据那些以我们的能力本能够到达的位置……它也可能导致抑郁症加重。因为在这种情况下，害羞的人需要得到帮助。很多书都对害羞的问题提出了建议[5]。以下是一些重要的建议，我会通过一些治疗案例加以说明。

表达复杂的思想和情绪

当塞巴斯蒂安走进一家服装店时，他感到十分紧张。他曾经试着在线上购买衣服，但这样做的问题是，他逐渐堆积了很多尺寸不合适的裤子和面料不舒服的衬衣。最终，塞巴斯蒂安还是决定去实体店买衣服。他之所以感到紧张，是因为害怕自己试了很多衣服却什么都不买会浪费售货员的时间。感觉不太好的时候，他会强迫自己买一些不喜欢的衣服。感觉不错的时候，他能够坚持立场，不买自己不喜欢的衣服，但这也让他感到吃力，他需要找各种各样的借口，比如裤型、价格、面料不合适，或者低下头，趁售货员不注意偷偷溜走。塞巴斯蒂安很不喜欢自己的行为，但对此也无能为力。

塞巴斯蒂安对自己的恐惧进行了反思。他害怕自己什么都不买会对售货员造成困扰，因为这样会浪费售货员的时间，他还有可能遭到埋怨。一番讨论之后，他承认自己的恐惧可能是没必要的。但是每次面对售货员时，他还是无法控制自己的恐惧。于是我和塞巴斯蒂安做了一些练习。首先，我让他把心里的想法都说出来。他确实很难把自己心里复杂的想法说出来。他什么都不想买，但售货员的付出让他感到如果自己什么都不买很对不起售货员的工作。我对塞巴斯蒂安说："你为什么不把心里的想法都说出来呢？你不需要费劲做总结，通通说出来就好了。比如，你可以说"很感谢您对我这么热心的帮助。不过真的很抱歉，这些衣服我不太喜欢。如果我强迫自己买了这些衣服，我一定会后悔。但是我真的很感谢您，再见！”接下来我和塞巴斯蒂安做了几次角色互换练习。我们探索了多种场合中的多种态度以及售货员的多种反应。

接下来，我鼓励他去真实场景中尝试这些方法。我还对他强调：“你要记住，最好说出积极的和消极的两种想法，比如‘您真是太好了，但是我什么都不买’。但不要只是模糊地说出消极的想法，比如‘呃，我不太喜欢这件衣服，我很犹豫’。”

经过一些练习，塞巴斯蒂安终于明白了问题所在：很多与害羞相关的问题都来自矛盾的想法，来自无法相容的愿望。在这个案例中，问题就是什么都不买的愿望和不对售货员造成困扰的愿望之间的矛盾。最简单的处理方式就是同时考虑这两种愿望，让它们和平共处，不让它们产生冲突。对此，学会清晰地表达自己的想法并观察其产生的效果，这是解决问题的途径之一。

主动出击

克里门汀经常参加一些有很多陌生人的聚会。她有些害羞，但很多人都很喜欢她，于是有越来越多的人邀请她参加聚会，她也很喜欢与别人接触和交流。有些聚会她很喜欢，但有些聚会又让她觉得失望，因为她认为这些聚会开始得不好。对她来说，如果聚会开始得好，那就表示在聚会开始的时候有人给她介绍了几个非常友善的朋友，让她立刻感到很自在。这样，就像运动员热身一样，她可以积极参加聚会的所有对话。她可以自如地聊天、提问、表达自己的想法。她能感觉到别人对自己产生了兴趣。但只有别人主动找她的时候，她才能感到自信，因为她害怕自己是个无趣的人，无法吸引别人的兴趣。她害怕主动找他人谈话会打扰他人——也许此时别人想一个人清静清静，不想和她谈话。她也害怕“插入”一群聊天的人中，打扰已经开始的谈话。

我向她解释道：“这就是你的问题。”于是我提议做一些角色扮演练习，在练习中，我让她“冒险”主动找人谈话，主动介绍自己，问几个问题，看看对方的反应。“如果我感觉到他们不想聊天呢？”克里门汀问道。“那你就很礼貌地找借口离开。这样你明确地知道他们不想聊天。每个人都有不想聊天的时候，这不是很正常吗？而且你通过主动出击获得了这一信息，没有被动地回应别人。”

接下来，我和克里门汀就此做了角色扮演练习。我们假装参加一个聚会。聚会开始时，她就主动和所有人打招呼并介绍自己，和每个人都说几句话。然后微笑地说：“很高兴认识你。咱们一会再聊……”在此后的一场聚会中，她就通过这种方法成功避免了“脱钩”。她说：“如果聚会中有很长一段时间都没人找我聊天，我就知道自己很难继续下去了。即使后来有人找我聊天，我也只想回家。”有一次，我让她和聚会中所有衣服上有红色元素的人说话。这样，克里门汀就有了一个有趣的任务。

我们要主动出击，不要像一个孩子一样等待别人的认可。当然，克里门汀的练习并没有像我讲的这样枯燥。事实上，我还向她解释了我们的恐惧和害羞是如何产生的。但我们仍需练习，没有练习，这样的解释是无法起到治疗作用的。

学会平静地自我肯定

马丁的车出了故障。他在路边的一个牌子上看到3千米外有一个修车厂。他决定步行去看看。他边走边想："修车工肯定会趁我的车出了故障时敲我一笔。我该怎么办呢？我一点也不懂汽车装置。修车工都是骗子。他们一定能看出我是来旅游的。我绝不会让他们占便宜。我最讨厌别人把我当成傻瓜了。"刚到修理厂，没等修车工向他打招呼，他直接嚷了出来："你们这些修车工别想骗我。"

每当和患者谈到自我肯定时，我都会讲这个故事。自我肯定需要用到很多沟通技巧，才能既让人听到自己的想法，又不会伤到对方的面子。一个不会自我肯定的人，也就是不会说"不"的人，是不敢请求别人的帮助、不敢表达自己的不满的。他会在抑制自我和伤害别人中不停摇摆，他不懂得表达自己的需求，还怪别人猜不透他的想法。他最后还会用敌对的态度表达自己的需求，好让别人无法怪罪自己。

就像治疗临场紧张一样，害羞的人也要明白社交场合中的双方不是敌对关系，不是主导和被主导的关系，不一定总有一个人是对的、一个人是错的，一个人会胜利、一个人会失败。社交的目标是建立一段合作关系。如果双方有不同的观点，我们完全可以通过对话的方式表达出来，而不需要有任何的攻击性。这个道理很简单。但我们在愤怒的时候很难保持理智。恐惧和缺乏自尊更容易使人愤怒。容易害羞的人一旦爆发，其攻击性更强。

自我肯定最好通过小组练习进行。很多人在教育和成长的过程中没能学到有效的交流方式，小组练习可以帮助这些害羞的人，让他们提高交流技巧[6]。

这样的练习尤其适合害羞的儿童和青少年。尽早治疗可以让他们避免很多痛苦[7]。和其他治疗一样，行为的改变也会逐渐引起视角的改变。他们会逐渐学会以平等的视角看待社会关系，并且学会尊重自己。

需要注意的是，和临场紧张一样，有一些害羞是病理性的。一项研究显示，大概 20% 的容易害羞的人患有社交恐惧症[8]。我们下面就来介绍这种极端的社交恐惧症。

一种病理性恐惧症：社交恐惧症

马克西姆经历了很多波折。他曾经被医生分别诊断为抑郁症、酒精成瘾和精神分裂症。后来发现，他患上的其实是社交恐惧症。

童年时的马克西姆是个有点儿害羞的孩子，但他完全适应群体生活。虽然在课堂上有些腼腆，尤其是去讲台上做练习的时候，但他有很多好朋友，能够融入集体生活。情况在他上初中的时候忽然发生了奇怪的转变。马克西姆在食堂吃饭的时候，拿着水杯的手忽然开始颤抖，他以为自己只是累了。但是第二天，同样的情况又发生了，并且被一个同学看到了，这个同学并没有说什么。但从此以后，马克西姆决定不再在食堂喝水了，吃饭的时候也紧紧抓着叉子，从而掩饰手部颤抖。一段时间以后，他决定不再去食堂吃饭了，他每天中午都回家吃饭。渐渐地，他开始在上课的时候感到不适。他最害怕化学课，因为他常常要在同学和老师的注视下把一个量杯中的液体倒进另一个量杯。在校车上，他也开始感到颤抖，别人的注视也让他感到很不自在。于是，他要求父母给他买一辆电瓶车，但没有解释为什么。从此，他骑电瓶车上学放学。不管刮风还是下雨，只要能不乘校车，多么恶劣的环境他都能接受。他的恐惧慢慢扩展到了生活的各个方面。他开始逐渐孤立自己。每次考试都令他心力交瘁。在考试的过程中，监考老师的注视让他非常紧张，于是他只能等监考老师背对自己时才敢答题。

上大学的时候，因为无法忍受拥挤的阶梯教室，他每次都第一个到教室，然后坐在教室后面的角落。即使这样，他也无法拿起笔做笔记。受此困扰，他险些无法毕业，最后只好通过远程教学获得了大学文凭。凭借天赋，他成为一名工程师，但他无法参加面试，因为他会紧张地不停颤抖（至少他感觉自己在颤抖）。最后，他被朋友家的企业雇用，但他没敢向朋友坦白自己的问题。刚开始工作的时候一切进展顺利，但后来，他渐渐开始通过喝酒来让自己接受一切他不能避免的场合，比如工作会议。他总是随身携带几小瓶伏特加。这样，如果有意外情况，比如领导突然找他谈话，他就可以通过喝酒让自己不再颤抖。他觉得伏特加的效果很好，也不会让他酒气熏天。在这样的掩饰下，他获得了同事和领导们的喜欢。因为他非常勤劳，而且为人友善，一位女同事对他动了心，并向他表达了爱意。后来他们结了婚。

婚后，马克西姆继续喝酒，而且越喝越多。他后来还会预防性地喝酒：每天上班前喝一点儿，每次去超市购物前也会喝一点儿，如果实在无法避免，那么去朋友家聚会前也喝一点儿。奇怪的是，他始终没能找到自己的问题究竟是什么。他曾经向两位医生咨询自己的问题，他们的诊断是压力大、工作累和过于紧张。他们给他开了一些镇静药，但是效果一般，他认为这些药物的效果明显比不上酒精。有时他会将二者混合服用。这会让他反应迟钝，但确实起到了镇静的作用。他的医生还建议他去看心理治疗师，但他找到的心理治疗师只和他聊天。时间一长，马克西姆就对这“昏暗的办公室里的斯芬克斯”[①]产生了厌倦。他觉得心理治疗对他没有任何作用。

后来，他的情况越来越糟，因此被公司辞退。他的妻子一年前生了孩子，他正好借此机会在家看孩子。但这对他没有一点儿帮助。他出门的次数越来越少。每次出门他都会觉得所有人都在看着他，把他当成“一个每天带孩子的颤巍巍的失业者”。他不敢去购物，也不敢带孩子去广场散步。他的妻子感觉到了丈夫的问题，决定把孩子送去幼儿园。马克西姆每天的活动只剩下送孩子去幼儿园和接孩子回家。但为了做到这些，他也需要在每次出门前喝半升伏特加。如果没有其他的社交场合，比如去邮局取包裹或者应付家中来的维修人员，他每天要喝一升酒，而饮酒量还在不断增加。他的妻子带他去看了几个精神科医生。其中一个让他住院接受戒酒治疗，但每次一出院，他就又开始喝酒。另一个医生对他的妻子宣布他患了精神分裂症。马克西姆确实有些奇怪的行为，比如回避眼神，少言寡语，不善表达自己的想法。马克西姆也试了几种药物，但都没什么效果。

一天，马克西姆喝多了，在去幼儿园接孩子时迷路了。一个商贩认出了他，他试着向这个商贩讲述他的故事。他含糊地说着孩子的名字，泪流满面，说他的绝望……最后，消防员把他带到了我们医院。我的一个同事最终做出了诊断：他患有非常严重的社交恐惧症。经过一年的治疗，他痊愈了。

---

① 斯芬克斯是希腊神话中的怪兽，后来比喻谜一样的人或事。——编者注

我的学生每次听到马克西姆的故事都会感到震撼。他们被马克西姆得到正确治疗前的各种波折所震撼。在他第一次感到颤抖、做出第一次回避行为和最终确诊之间，他经历了二十多年。像他这样的故事已经成为我们科室治疗恐惧症的经典案例。

最严重的社交恐惧症

社交恐惧症是一种强烈的、极其影响生活的病症，患病的人往往害怕向他人承认他们的症状（脸红、颤抖、出汗）或他们的不足之处（不够聪明、显得没有教养）。

因此，患有此症的人在社交场合往往非常痛苦。他们常常避免出席社交场合，但这会对他们的个人或职业生活造成非常负面的影响。他们害怕出门购物，害怕找工作。社交恐惧症的程度也与患者害怕的场合密切相关。如果只是害怕表演场合，比如在公众面前演讲或完成一项任务，那么这对患者的影响不大。如果患者害怕日常生活中的任何互动，比如和熟人聊天，那么情况就会复杂很多。如果恐惧来自他人的目光，那么患者每天都会非常痛苦。

很长时间以来，社交恐惧症都被当作害羞或者广场恐惧症来治疗，害羞和社交恐惧症的区别如表 8-2 所示。其实，社交恐惧症是一个非常常见且十分让人担忧的病症。流行病学统计显示，大约有 2% ~ 4% 的人患有这种疾病[9]。如果我们考虑到影响生活的社交恐惧，那么这一数据能够达到 10%[10]。很多社交恐惧症患者同时患有抑郁症或酒精成瘾症。抑郁症源自社交恐惧症导致的社交失败和自我孤立，也有可能与社交恐惧症患者的羞耻感有关。社交恐惧症患者的问题是，他们会十分依赖酒精。他们不仅仅在社交场合中喝酒，也会在面对这些场合前饮酒来麻醉自己。他们还会在社交场合之后饮酒，来抑制自己的羞耻感，因为他们坚信自己出了丑。

社交恐惧症的确诊往往需要很长时间。确诊的平均时间甚至达到了 15 年。这样的个人及社会成本使医生和心理医生的培训显得更加重要[11]。

表 8-2　害羞和社交恐惧症的区别

害羞	社交恐惧症
以适应机制为主：随着和他人接触次数的增加，恐惧会逐渐减少	以敏感增加机制为主：随着和他人接触次数的增加，恐惧也逐渐增加
偶尔对自己的抑制行为担忧	持续对自己的抑制行为担忧
害怕别人不理睬自己	害怕被别人攻击
恐惧很少发展成惊恐发作	恐惧常常发展成惊恐发作
逃避行为有限，轻微焦虑	逃避行为频繁，严重焦虑
被别人看作害羞、情绪化的人	被别人看作冷漠、奇怪的人
社交“无能”时感到难过	社交“无能”时感到羞耻
生活质量轻微受影响	生活质量严重受影响

社交恐惧的不同表现

当大多数社交场合都成为恐惧源时，我们就将这种社交恐惧称为普遍社交恐惧。患者在任何情况下都会感到被人审视，比如在公共交通上坐在别人对面、买东西和商贩交谈。为了不让别人看出自己的情绪缺陷，患者往往会采取一些掩饰策略，比如通过化妆掩盖自己的脸红，通过沉默避免说一些不合时宜的话，通过避免目光接触不让别人看出自己的担心，甚至干脆不出家门。

有一些社交恐惧是选择性出现的，只会在某些社交场合出现，比如在公众面前讲话的场合。大约 10% 的人属于这种情况[12]。如果算上那些“虽然感到恐惧，但恐惧没有造成痛苦”的人，那么这一数字可以上升到 30%。社交恐惧症应当和临场紧张区别开来。临场紧张会在上场以后会逐渐消失——恐惧在上场前达到最高点，上场后很快消失，表演完成时会有一种如释重负的感觉。但是社交恐惧会在上场以后继续增加，最后以羞耻感和失败感收场。

社交恐惧症可能出现在多种人格中[13]。喜爱社交的人和厌世的人都有可能患上社交恐惧症。一些人具有逃避性格，他们对别人的看法过度敏感。如果不确定能否被他人接受，他们不会主动参与社交活动；他们还会觉得自己低人一等。过度敏感也会让他们对别人过度解读。一个简单的微笑都会被他们当成轻视或同情的表现；而如果别人没有微笑，他们会视作排斥或冷落。

还有一些患者是面对型的。他们虽然害怕，但常常选择面对害怕的场合。这也使他们可以承担更大的社会责任，并通过冷漠或带有攻击性的行为让别人敬而远之。但他们的冷漠和无动于衷只是表面，因为他们的社交焦虑是存在的，而且他们的情绪负担很重。一些研究证明，这类人常常会因压力过大而出现心脏问题。

还有一些社交恐惧症患者会关注恐惧的躯体症状，比如脸红、颤抖或出汗。他们认为，如果没有躯体症状，他们就没有任何问题。因此有的人会选择手术，比如切除会导致脸红的交感神经。但目前没有任何研究证明这种不可逆手术的有效性。手术的效果似乎因人而异，而且会带来一些副作用，比如下半身出汗很多……这种以躯体症状为主的社交恐惧有一些特殊之处。我们下面来详细讲解赤面恐惧症。

赤面恐惧症

“如果有个人对我说‘有人丢了雨伞’，我就会感到不安，我的脸就会变红。但是我向来不喜欢用雨伞，也从来不用雨伞，也不会关心别人的雨伞！但我还是会露出一种我在隐瞒什么的表情，一种让人看了就觉得很可疑的表情。我感到有一种为自己开脱的需要。我嘟囔着编几个故事，好证明我不知道这把雨伞的存在，或者我没看到雨伞是什么时候消失的……”

这段话摘自《萨拉万的生平与遭遇》，是乔治·杜亚美的作品。其中对赤面恐惧症的描述十分精确。

赤面恐惧症这一名称来自希腊语，意思是红色。这是最为痛苦的社交恐惧症之一。而且脸红是人类独有的现象，没有其他动物会因为害怕或羞耻而脸红。对赤面恐惧症患者而言，脸红是无法控制的，试图控制只会让脸红现象更加严重。患者越是想控制脸红，就越会把注意力集中在脸红的显现上，这也会使恐惧情绪不断增强。

“自从赤面恐惧症出现，它就代表了我的全部。”我的一位患者埃洛伊斯对我说。当患者感到脸红以后，他们就很难继续保持正常的对话，他们会将注意力放到自己的脸红问题上：“这不正常”“又开始了”“别人会怎么想”。他们常被脸红带来的问题困扰，而不是脸红本身。为此，他们停止讲话或者只说一些简短的句子。他们变得非常紧张，却无能为力。埃洛伊斯对我说：“这就像我正在往别人身上小便一样。”

当病情加重以后，以前只会在尴尬时出现的脸红现象就变得随时可能出现，即使是在患者没有情绪波动时。沉默、暗示或一个眼神都有可能引起脸红。没有经历过的人无法理解这种夸张的反应，但对赤面恐惧症患者来说，脸红给他们带来了极大的痛苦。他们会认为别人会因此看不起自己：“会脸红的人没有任何价值，没有任何人格，没有意志力，没有阳刚之气（对男人来说），有一些棘手的问题（对女人来说）。”

因此，赤面恐惧症患者会使用几种掩饰技巧，比如一些女性会化妆或者留较长的刘海，穿高领的衣服，将窗帘拉得严严实实好保持室内昏暗，假装打喷嚏好将脸藏进纸巾里，或者干脆跑到别人看不到的地方去……从中我们可以看到赤面恐惧症患者对被别人看出自己脸红的强烈恐惧。在任何场合，他们都会首先想到：“别人能看出我脸红吗？”这种想法最终会导致脸红。有时，朋友或亲人的提醒会客观而持久地加重脸红现象[14]。

很多赤面恐惧症患者坚信自己的病症是由荷尔蒙水平波动或血液循环问题引起的。心理学黄金时代[15]的一位精神科医生曾经讲述自己是如何（短暂地）治愈一位赤面恐惧症患者的：让这位患者相信他通过放血排出了脸部过多的血液。事实要比这复杂很多。赤面恐惧症的心理机制可以总结为以下几点。

- 患者坚信任何轻微的脸红都会被别人看出来：“别人一定能看出我的不安。”
- 他们还认为发现他们脸红的人会告知他人：“所有人都会很快发现我的问题。”
- 他们认为发现他们脸红的人会看不起他们：“这不是个小问题，别人会发现我很软弱。”
- 他们坚信别人会因此排斥他们或嘲笑他们：“别人会嘲笑我，还会排斥我。”
- 他们坚信事情会按照自己预想的发展，他们选择逃避行为从而避免以上推断的发生：“我一定不能在别人面前脸红。”

赤面恐惧症患者对社交恐惧的误解很大。脸红对别人来说只是个小问题，但对赤面恐惧症患者来说则是非常影响生活的问题。

与社交恐惧有关的研究

对于深受社交恐惧之苦的人来说，我也有一个好消息。虽然几十年来社交恐惧被心理治疗领域的科研遗忘，但最近几年，与之相关的研究逐渐增加，而且已经获得了鼓舞人心的成果。下面我会介绍一些最近的科研成果，这些成果能帮助一些社交恐惧症患者减少自责并为此付出努力。面对恐惧症，自责是没用的，只有努力才能让他们走出恐惧。

对不友善面孔特别敏感的杏仁核

当我们用计算机快速展示一系列不友善面孔的照片时，社交恐惧症患者的识别能力明显高于未患社交恐惧症的人[16]。他们区分不友善面孔和无表情面孔的能力也更强[17]。这些研究证明了社交恐惧症患者不是不能识别他人的表情，他们的表情识别机制让他们能更快地识别潜在危险，也就是不友善的表情，因为这种表情意味着他们受到语言或身体攻击的危险性增加。研究这个状态下的脑活动时，我们会看到，社交恐惧症患者注视生气或者蔑视的表情时，他们的杏仁核会被立刻激活[18]。

我还要再强调一次，类似实验并不能说明社交恐惧症只是大脑的问题。但这些患者确实需要与他们的生理条件做斗争。在治疗社交恐惧症的过程中，我们也应考虑到这一事实，所以药物和具有情绪影响功能的心理疗法往往是必要的。

过度关注自我导致互动受限

社交恐惧症患者常常会不由自主地犯一个错误，那就是过度关注自我，尤其是在自我感觉不好的时候，他们会把全部注意力放在自己身上："当我开始颤抖的时候，我脑子里只会不停地想两个问题。别人会注意到我吗？怎么才能停止颤抖？从这个时候开始，互动对我来说就已经结束了。"认知心理学家将这一问题称为注意力偏差[19]，它只会在社交场合出现。社交恐惧症患者并不自恋。他们之所以如此关注自己，是因为他们认为自己的情绪表达会产生危险，会让他们在面对可能的攻击时感到脆弱。这一现象在有躯体症状的患者身上尤其明显。他们会密切关注自己的躯体反应，比如脸红等[20]。

强烈的自我批评

社交恐惧症患者的最大敌人往往是他们自己。他们的亲人朋友都不会像他们自己那样责备他们。他们经常幻想自己在别人眼中的负面形象，这又会进一步加重社交恐惧症[21]。这些负面想法出现的频率接近抑郁症（另一种导致自我形象受损的病症）患者负面想法出现的频率[22]。另外，社交恐惧症也是引起抑郁症的重要因素，因为社交恐惧症会为个人的日常生活带来很多负面情绪。幸运的是，心理治疗可以有效帮助恐惧症患者消除对自我的负面想法[23]。

社交后的有害反思

上文提到了另一种摧毁性的情绪——羞耻感。有些社交恐惧症患者虽然还没有患上抑郁症，但他们已经开始在每次社交活动结束后对自己进行负面的审视和反思[24]。这些反思会导致强烈的羞耻感，正是羞耻感让患者对社交场合留下了非常糟糕的回忆。当他们需要面对相似的社交场合时，为了避免再次体会羞耻感，他们会倾向于逃避。所以社交后的自我孤立阶段一定要被注意。这一阶段不仅无法消除恐惧，还会起到加剧恐惧作用。在这方面，心理治疗能够带来有效的改善[25]。

由妥协产生的内化的愤怒情绪

社交恐惧的存在意味着患者需要放弃很多活动。每当别人的语气或表情显得不太友好时，他们就不敢继续说话，并想办法退出对话。这会增加患者忧伤和自贬的情绪。例如，“我实在是太软弱了，买面包的时候，面包店老板的目光都会让我颤抖”。这些回避行为会带来严重的挫败感。很多研究显示，社交恐惧症患者容易产生愤怒情绪[26]。社交恐惧非常严重的患者常常会感到厌世，他们讨厌自己的父母、亲人和朋友，以及所有能够近距离观察他们并对他们提出意见的人。

很多有害的负面情绪会严重影响患者已经被恐惧支配的生活。很多患者还试图压制或内化他们的愤怒。这些本来可以通过合适的方式表达出来的情绪一旦被内化，就会严重影响患者的心理平衡。不过，心理治疗也能改善这一现象[27]。

如何治疗严重的社交恐惧症

比起其他心理问题，社交恐惧症更会随着患病时间的增加而深刻地改变患者的生活习惯，尤其是与逃避相关的习惯。因此，心理治疗师的治疗目标主要有两个。通过解释和药物打破病症带来的诸多限制，然后让患者试着对抗社交恐惧。这一治疗过程一般需要几个月。治疗以后，患者会逐渐产生新的社交反应和新的生活习惯。这个过程需要几年的时间，但不需要治疗师全程陪伴，最重要的是让患者意识到他们已经走在治愈的正确道路上。

心理治疗

相当多的研究和实地调查[28]都证实了认知行为疗法在治疗社交恐惧症方面的有效性。目前，认知行为疗法已经被广泛地应用于社交恐惧症的治疗。利用认知行为疗法治疗社交恐惧症的方法和治疗其他恐惧症的方法类似。我们特别推荐小组治疗。看到还有其他患者受同样的问题的困扰，社交恐惧症患者往往会感到安心（过去，他们中的很多人以为只有自己在绝望地与社交恐惧症斗争）。小组治疗也为暴露练习提供了很好的机会[29]。

社交恐惧症的暴露练习

本章介绍了几个常用的练习。类似的练习还有很多，我们会根据患者的情况为他们量身定制治疗方案。但每种方案都遵循一个简单的原则：害怕什么，就练习什么。下面我会列出一些常用的暴露练习。

- 在 15 分钟内接受别人沉默的注视，并坚持直视每个人的目光。这个练习虽然很难，但十分有用。恐惧症患者往往害怕被人关注，尤其是在不能通过说话或其他方式转移别人的关注时。

- 在小组成员面前讲话。讲话内容可以即兴发挥（周末做了什么，童年回忆，最近看的一场电影……），不要像往常一样精简讲话内容，不要害怕别人不关心讲话内容，不要在意别人由此产生的情绪反应。
- 接受别人的评论（“你怎么脸红了”“你不太舒服吧”），先不要做出回应，过一会儿再以自卫的方式回应（“你呢？你看到自己的脸了吗”）或以不让步的方式回应（“我确实有很多问题。我有病，怎么了”）。练习的目的是学会接受这种成年以后已经比较少见的评论，然后回应。如果直接从回应开始，那么恐惧和愤怒的程度可能会过于强烈。
- 讨论自我：我是谁，我喜欢什么，我不喜欢什么……不需要逃避自我，先回答小组成员提出的问题，然后再学会自发地提及自己。很多社交恐惧症患者会避免提到自己，因为他们对自己存有羞耻感。
- 学会被拒绝，一次、十次、二十次，直到不会引起情绪反应。学会对“不”脱敏。很多人不喜欢请求别人，因为他们害怕被别人拒绝，从而产生挫败感和耻辱感。我们通过角色扮演练习让小组成员之间做出各种请求并尝试拒绝。当我们把拒绝当成排斥时，这个练习是相当难完成的。这个问题是普遍存在的，不仅仅存在于社交恐惧症人群中。

- 对于那些因害怕颤抖，害怕用叉子吃豌豆、玉米粒或意大利面，害怕拿起装满水的水杯或将一个容器中的液体倒进另一个容器的患者来说，练习的目的不是学会不再颤抖。我们会让患者不再控制自己的颤抖，让他们不要把手臂紧贴在身体上或者无意识地绷紧肌肉（很多年的刻意行为已经让他们意识不到这种行为的存在）。练习的目的是让他们不再因为颤抖而感到羞耻。当他们不再被颤抖带来的恐惧和羞耻所困扰时，颤抖的症状反而会大大减轻。
- 学习在他人面前弹吉他、跳舞、唱歌。其目的不是做好这些事情，而是允许自己即使做得不好也可以去做。这个练习的效果十分让人感动。很多患者从来没有经历过类似的事情。作为对治疗非常投入的心理治疗师，我会毫不犹豫地向患者展示一个毫无天赋、从不忌讳向别人展示自我的人——我自己。我会向他们展示我拙劣的舞技和跑调的歌声。而且我展示的都是真实的自己！

对心理治疗师也有好处的练习

作为心理治疗师，我们经常出现在办公室外的户外练习场所，比如商店、地铁和大街上。在这些场所做的暴露练习非常有效，但是也会对患者带来严重的情绪损耗，因为他们需要付出非常多的努力才能完成这些练习。我的心理治疗实习生经常回来告诉我暴露练习对他们带来的好处，他们的社交恐惧虽然没有社交恐惧症患者严重，但也是存在的。

我还记得一个来参加小组暴露练习的实习生。我让她在 8 位患者、8 位实习生和治疗师面前做自我介绍。

当时，她的脸变得非常红！她感觉到了自己的脸红，但她做出了正常的反应。她微微笑着，用手摸着脸颊说：“看，这个场合对我来说也不容易，我能感觉到自己脸红了。”然后她回到了自己的座位上。她虽然有点尴尬，但并不觉得羞耻。她继续参与了下面的活动，向别人提了很多问题，并一直保持微笑。练习快要结束时，我在其他患者面前问了她在脸红的瞬间有什么感想，她说：“我感到很尴尬，很不好意思，我心里想，如果治疗师自己都脸红，那么她该怎么治疗别人？然后我又告诉自己不要太关注脸红这件事，然后我就想其他事情了。”我的赤面恐惧症患者们仔细地听着她对自己心理活动的描述。我相信她为他们完美地展示了脸红其实没什么，完全可以大胆地承认！患者需要知道治疗师以及治疗师以外的其他人和他们是一样的人。我们科室包括我在内的所有治疗师都会向患者讲述我们自己的社交恐惧。我们也需要做暴露练习。当我想向患者展示我们可以展现自己滑稽可笑的一面时，就需要向他们展现自己滑稽可笑的一面。这是一个基本的职业素养，自己做不到的事就不要要求患者去做。这也是为什么有的时候我会形象滑稽地出现在圣安娜医院的楼下，裤脚卷起，衬衣有一半露在外面，满头大汗，头上戴着一顶不合时宜的帽子……我的身后跟着一位患者，他负责观察路人的反应（一般没什么反应），然后换他做同样的练习。

这些练习需要治疗师和患者紧密配合才能完成。患者要能感受到治疗师对他们的尊重和同情，他们也要尊重自己，同情自己。否则，他们就不会跟随我们进入这个在一开始就看似有些奇怪的冒险，而我们的治疗方法是被科学证实的可靠、有效的治疗方法。治疗过程虽然会对患者的情绪产生强烈的影响，但也有意外的效果。我的一位患者对我说："我们在这里做的练习真够难。相比之下，真实的世界反而简单很多。"

学会接受自我

最后，我们还要做一些补充的认知练习，从而帮助患者改变他们的认知体系[30]。因为社交恐惧与我们对待自己和别人的错误看法的方式息息相关[31，32]，比如对别人想法的错误解读和对情绪的错误判断（无法区分情绪和现实，"如果我感到自己滑稽可笑，那么我就是滑稽可笑的"）等。认知练习通过对话的形式进行。在练习中，我们利用表8-3对各种社交场合进行了思考。当然，认知练习要和行为练习结合使用。

认知练习也是讨论"自我接受"这一概念的好机会。很多患者的问题是他们想要通过控制来解决自己的恐惧问题："为了不临场紧张，我会把演讲稿背熟""为了不颤抖，我会把手臂紧贴在身上并绷紧肌肉""为了不表现出我的情绪，我会装出很放松或很冷漠的样子。这是一场没有结尾的战争。虽然我这次通过控制解决了问题，但是我确信下次还会出现同样的问题。所以我要一直控制、假装、抑制自己"。很多社交恐惧症都过着这样的生活。唯一的解决方法就是接受自己的情绪化，并让别人也能接受自己。我们会通过多次角色扮演练习让患者根据谈话对象决定是否真诚地展示自我，以及展示的优点和缺点……

表 8-3　一位社交恐惧患者的思维模式

产生焦虑的场合	自动思维	转换思维
去面包店买面包	我一定要用非常轻松的口气和别人寒暄，如果我什么都不说，别人会觉得我很奇怪	我有权不说话，但是随便聊聊天气也没什么，这只是一个社交仪式
会议	我不敢说话。我害怕说错话	我不是唯一不太会讲话的人，但我要试着一点一点表达自己的想法。别人有的时候也会说错话
买衣服	我试了好几条裤子，浪费了售货员很多时间。即使这些裤子我都不喜欢，我也应该至少买一条	这是售货员的工作。如果我友好地向他解释，他是可以理解的。很多人都不买东西。有的客人比我还难应对

马克西姆的心理治疗

我在前文讲到了马克西姆严重的社交恐惧症导致酒精成瘾的故事。下面我来讲讲他的恐惧症是如何治愈的。

马克西姆服用过一段时间的抗抑郁药物，但由于缺乏心理治疗师的建议和指导，药效并不持久。他服药不规律，无动力，而且副作用明显。我们向他详细地讲解了恐惧症这种心理疾病，让他明白心理治疗能达到的效果和必要性，以及他个人需要付出的努力。

他先是和我们科室的一位心理医生进行一对一的行为治疗。心理医生为他列了一个目标清单，上面写有他应该在实际场景中完成的任务。清单的具体内容如表 8-4 所示。马克西姆的问题主要源自对颤抖的恐惧，他害怕直视别人的双眼，害怕和人交流，不敢参加可能会让他颤抖的活动。

表 8-4　马克西姆的社交恐惧清单

场合	马克西姆预估的恐惧程度
坐在咖啡厅的露台上观察路过的行人	30/100
向路上的行人问时间或问路	40/100
走进一个商店和售货员对话	40/100
走进地铁，坐在一个乘客的对面	50/100
在公共场合喝水	70/100
在公共场合进食	70/100
接受治疗师对自己颤抖行为的评价，首先在室内，然后在室外	80/100
故意在公共场所颤抖	100/100

心理医生首先让他学会面对这些场景，并且不要控制自己的颤抖。治疗快要结束时，颤抖则成了主要的练习对象。马克西姆要故意让自己颤抖，从而发现颤抖并不是由别人的嘲笑或咒骂引起的。当心理医生对他的颤抖指手画脚时，马克西姆还要故意大声地回答。

这样做的目的有两个。一个是让马克西姆改变自己的回避行为。他会发现自己曾经逃避的场合其实没什么大不了，大部分人不会发现他的颤抖问题。因为即使马克西姆在心理医生的办公室里能够平静地接受自己颤抖的事实（“冷情绪”认知），但到了真正的社交场合，诸如“所有人都在看着我，都在可怜我”的负面想法仍然会出现（“热情绪”认知）。通过在真实场景中的暴露练习激活“热情绪”十分必要，它无法被谈话代替。

治疗的另一个目的是让马克西姆学会不因社交场合中的恐惧和羞耻情绪而惊恐发作。由于常年的回避行为使他丧失了面对恐惧的能力，治疗师为他设计了一些适应练习。“与其回避，不如学会适应恐惧。当你不再退缩时，就轮到恐惧退缩了。”

经过6个月的治疗，马克西姆的状况明显好转。他重新对未来充满了希望。

后来，他又和其他 7 个恐惧症患者进行了 16 次小组练习。练习的内容包括在小组所有成员面前站着讲话，接受别人对他的颤抖行为的评论并平静地回答，谈到自己的情绪问题并不因此羞耻，在小组其他成员的注视下慢慢地喝水、进食。

经过 1 年的治疗，马克西姆痊愈了。他向我们承认，真正的改变发生在一个瞬间。在那个瞬间，他忽然明白了我们是了解他的病情的，他不是一个人在战斗。马克西姆重新找到了工作，而且又喜得一子。5 年后，他的病复发了，于是又接受了几个月的心理治疗。他目前情况很好。

“我厌倦了这种次生存……”

“对他人的恐惧摧毁了我的生活……”

我的一位社交恐惧症患者曾经对我说，他厌倦的甚至不是生存，而是“次生存”——这种“时刻注意却又时刻失败”的生存方式。他每天都在逃避那些他本来可以享受的场合。

强迫自己在需要他人的情况下避免接触他人，这是所有社交恐惧症患者的悲剧之源。上一章介绍了简单恐惧症（特定恐惧症），下一章要介绍惊恐发作和广场恐惧症。其特点是，只要患者没有面对恐惧源，他们还是可以享受生活中一些美好的瞬间的。

但社交恐惧症患者很少能享受到美好的瞬间。每次相遇、每个目光、每句话都可能成为焦虑的来源。即使在没有恐惧源时，时刻准备逃避的心理也会让他们的生存质量极速下降。就像一位患者对我说的那样：“当我和别人在一起时，我感到恐惧；当我一个人的时候，我感到抑郁……”

社交恐惧是所有恐惧症中最具摧毁性的，它会让人失去赖以生存的感情食粮。一旦通过心理治疗克服了这种恐惧，患者的高敏感度特质就会从缺点变成力量，他们就能保留积极的一面。他们的脆弱就会转变为直觉和同理心。

这几年来，每当一个小组练习结束时，我们都用一个小小的仪式来庆祝。我们让所有患者举杯（当然是没有酒精的饮料）祝贺自己。这样的时刻在生活中也许很常见，但在心理治疗中十分罕见。我们坚持这样做，以此提醒我们，治疗师和患者之间并没太大的区别。我们之间的关系是一种合作关系，而没有等级之分。

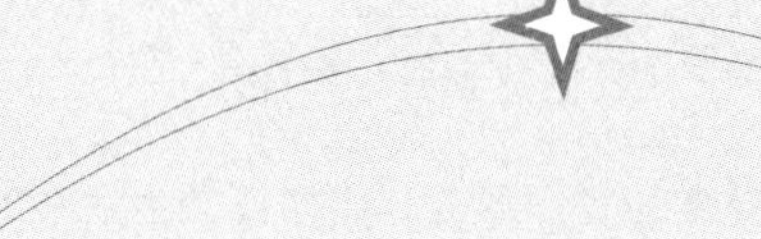

第九章

对身体不适的恐惧

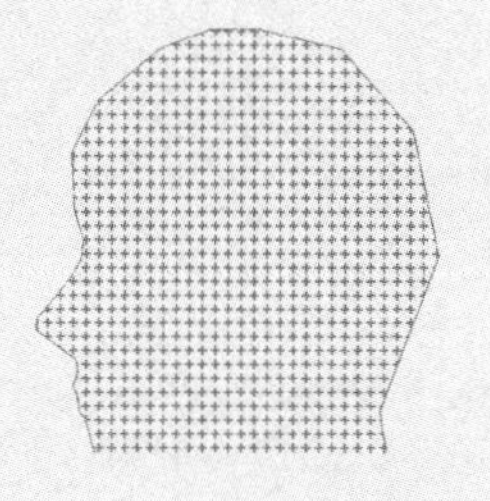

这是最强烈的恐惧，它让我们感到身心失控。

这种恐惧也有比较轻微的发作形式，比如日常生活中的痉挛、眩晕以及其他身体或精神上的奇怪感受。

恐惧感十分强烈时，我们甚至会有濒死体验或精神失常的感觉。这就是惊恐发作，它会导致广场恐惧症。

一些非形而上的练习能够帮助患者控制这类恐惧，比如用吸管呼吸、做俯卧撑等。

“我僵住不动，绝望无力，浑身颤抖，我意识到这不仅是简单的焦虑，而是一种严重的疾病……”

——威廉·斯泰伦《在黑暗中躺下》

一个沉闷的声音从门那边传来。

“大夫，您还在吗？”

“我在，我在，不要担心，我一直都在。如果我要走我会跟您说。我们说好了的。我肯定不会不告而别。”

“您确信我没事吗？”

“当然。我们不是刚刚谈过吗？”

“是的，但我还是感到紧张。所以开始有点儿怀疑。”

“这是正常的。肯定没事，和以前一样。”

“我不会窒息吗？”

“我们刚刚聊过！”

“我不会惊恐发作吗？”

“这个我们也说到了！”

（紧张地笑着说）“您是真心不想帮我。我只能一个人加油了。不过到目前为止一切还算可以忍受。我觉得比上次好多了……”

“太好了！”

我们正在我工作的医院的卫生间里。奥迪尔已经把自己关在里面一刻钟了。这是最近几年里她第一次敢把厕所的门锁上。奥迪尔患上惊恐发作已经二十多年了。这也使她接连患上了广场恐惧症和幽闭恐惧症。二十年里，她无法驾车，无法乘坐地铁、火车和飞机。奥迪尔乘坐公共汽车上班，而且只能乘坐公共汽车。当车上人太多或者路上堵车时，她会感觉非常不适，但至少她能够在目的地下车。她在地铁里就做不到这一点……奥迪尔也不能坐电梯，也不敢锁上厕所的门。在一些感到自己被“困住”的地方她会非常难受，比如排队、看电影或话剧、在人多的地方吃饭等。如果她强迫自己去面对这样的场合，那么她立刻会受到惊恐发作的惩罚。她会感到窒息，必须立刻逃走，否则就会感到自己很快会死亡。

15 分钟后，奥迪尔仍然把自己关在厕所里。

“奥迪尔，您能听见我说话吗？”

“能。”

“您感觉怎么样？”

“我感觉还行。我已经适应了。没想到我能这么快适应。”

“很好。那我们进行下一步了？”

“关灯吗？”

“对。”

“但是，这样在黑暗中……我不会惊恐发作吗？”

“我们来试试看。我们已经讨论过这个问题了，您没有理由会惊恐发作的，是吗？”

“是的，是的……”

“那关灯可以吗？”

“好的……关上了。”

“很好。您的呼吸正常吗？”

“正常。”

“感觉怎么样？”

“还不错……我觉得应该可以。真的还可以。我完全可以接受被关在黑暗中。没想到我能做到这一点……”

奥迪尔的惊恐发作是从二十多年前的一天开始的。那时她正在驾车，车堵在路上。她忽然感到窒息，感到自己的喉咙正在逐渐收紧。她觉得自己像是马上要死在车里了。她越想大口呼吸，窒息感就越强。最后她从车上走下来，向其他司机求助，其他司机拨打了急救电话。被送到最近的医院急救室后，医生为她做了全面的检查，可是并没有找到可疑的病症。医生认为她的压力过大。但接下来的几天里，她又经历了几次发作。一次是在她工作地点附近的餐馆的卫生间里。卫生间的门锁卡住了，她花了几分钟也没能打开。她立刻感到了与那天在汽车里发生的惊恐发作相同的症状，她感到自己在狭小的空间里仿佛马上就会窒息。她敲打和呼救的声音引来了餐馆的工作人员和其他顾客。餐馆老板很轻松就将厕所门打开了。奥迪尔出来的时候蓬头垢面、泪流满面，显得十分可怜。她直接请假回了家，因为下午无法再去工作了。当天晚上，她仍非常紧张，她时刻注意着自己的呼吸，总害怕呼吸会忽然停止。她给自己的家庭医生打电话。她的医生先是试着在电话里安慰她，后来还来到她的家里，因为她已经无法出门了。她感到十分疲惫，对惊恐发作的恐惧消耗了她所有的精力，她更加不敢出门了。医生给她开了一些镇静药，并为她推荐了一个精神科医生。但这些没什么用。精神科医生人虽然很好，但在花了很长时间讲述自己的童年和梦以后，奥迪尔还是会惊恐发作。镇静药确实能让她平静下来，但是她很快意识到自己会对镇静药产生依赖性。而且，恐惧依然存在。恐惧只是被麻痹了，但她希望恐惧不要醒来，因为那样会造成无法想象的糟糕后果。渐渐地，她开始回避那些她认为会让自己惊恐发作的场合：驾车、独处、被封闭……这种情况持续了二十多年。

“看起来一切进展不错，您觉得呢，奥迪尔？”

“真奇怪！我真的不敢相信。我不再恐惧了。”

“很好。那么我先回办公室了。您一刻钟以后再来找我，可以吗？”

“呃……如果我一刻钟后没去找您，您可以过来看看我吗？”

“当然了，没问题。”

“您能保证吗？”

“我没骗过您吧？”

“没有，没有，不好意思。”

“那就一会儿见吧。加油！”

当奥迪尔来找我的时候，她显得有些疲惫，但十分满足。

“祝贺您。今天的练习做得很好！”

“谢谢您，大夫。今天的治疗我会牢牢记住的！”

“那一定是段美好的记忆！从今天起到下个星期二，您要自己练习。每天都要练习，可以在家里，也可以在外面。即使不想上厕所，当您在餐馆、食堂用餐，去酒吧喝酒，或者去朋友家、电影院的时候，您都去厕所做这个练习。记得把厕所门锁上（奥迪尔一直避免在家以外的地方上厕所）。即使您不想上厕所，也要去厕所做这个练习。明白了吗？”

“明白了，大夫。咱们已经谈过了。没问题的。那咱们下个星期做什么练习呢？”

“我们会做一个很有意思，也非常有用的练习。我们要练习感受窒息……”

在我写下这些文字的时候，奥迪尔的治疗已经持续 3 个月。她成功完成了窒息感体验练习，她用枕头蒙住头部，闭气 30 秒，用吸管呼吸……把自己关在一个房间里已经不成问题了，她也可以驾车去很远的地方，也能成功面对会引起窒息感的举动，比如穿高领衣服或者做面膜。她感到自己在逐渐重获自由。用她自己的话说，她觉得自己正在不断进步。奥迪尔其实正在治愈自己的幽闭和窒息恐惧症。

不适感

在天气太热的时候，在人多的地方感到喘不上气的时候，很多人都曾感到身体不适。排长队的时候，如果我们感到疲惫或紧张，那么我们有可能会头晕目眩。在公众面前发言之前，我们也会感到心跳加速，甚至有人觉得心脏即将停跳。

我们也有过一些奇怪的想法，想起一些让人不太舒服的画面。比如在驾车的时候我们会忽然想："如果我突然疯狂地加速会怎么样？"在公众面前发言之前我们会想："如果我忽然惊恐发作，一下子忘记了想说什么，我开始在所有人面前大汗淋漓，那该怎么办？"如果我们不太喜欢乘坐飞机，但不得不坐飞机出行。机舱门关上的那一刻，我们会想："如果我忽然发疯，乞求空乘人员让我下飞机，那该怎么办？"

这种不适感通常不会持续很久。我们深呼吸，告诉自己这一切都会过去。我们想想其他事情就可以了。这不过是个假警报。我们告诉自己我们需要休息，需要休假，应该少喝咖啡、多做运动，减轻压力。如果我们这样做了，那么不适感就会消失。这些只是我们过度疲劳的信号。

但这些不适感偶尔会变强。我们可能会同时出现多种强烈的躯体不适症状，例如呼吸障碍、心动过速、手部和唇部刺痛、视线模糊……我们也会产生一些令人担忧的想法：“我正在失去对自己的控制，这些奇怪的感觉什么时候能停止呢？如果无法停止，这会是个严重的问题吗？这个问题已经出现好几次了……”在法国，医生常常会提到“痉挛素质”，认为这是压力和焦虑造成的。但是你可以明显地感觉到这不是单纯的心理问题。你能感到是自己的身体正在传递令人担忧的信号。但情况一般不会恶化，你只会偶尔感到轻微的发作，但不会产生更严重的问题。

但有时，小小的问题会造成巨大的痛苦。这些令人不适的躯体感觉能够引起很多令人担忧的想法，你会联想到很多严重的情况，比如心脏病发作、动脉瘤破裂、死亡、窒息、咽喉水肿、缺氧、失控、发疯、垂死、独身一人、求救……每一秒你都会感到更强的压迫感。这代表你正在经历一场惊恐发作。你不是一个人。一项在校园展开的研究显示，1/3 的学生在前一年经历过惊恐发作[1]。这样的体验会给你留下极其深刻的印象。你以为自己就要死了或者疯了。你开始害怕这样的经历还会重演。因此你会开始逃避一些场合，尤其是那些你无法接受惊恐发作的场合。你正在悄悄地患上幽闭恐惧症和广场恐惧症。

是对不适感的恐惧还是惊恐发作障碍

1872 年，德国神经科医生韦斯特法尔在接待患者之前会让他们先穿过一个广场。很多患者在穿过广场时遇到了很大的困难。韦斯特法尔将这种病症命名为广场恐惧症。在后来的很长时间内，研究者把广场恐惧症定义为害怕广阔无遮掩空间的恐惧症。后来，我们发现广场恐惧症患者真正害怕的其实是不适感，这种恐惧在任何地点都会出现，只不过在一些公共场所会加重。这种对躯体症状的恐惧会非常强烈，甚至导致真正的惊恐发作。可以这样说，真正的恐惧来自惊恐发作，而不是身处某个特殊的地点。

当恐惧已经具有病理性时，我们会称之为惊恐发作型广场恐惧症。我们可以将之想象为一个三层结构：惊恐发作、惊恐发作障碍、广场恐惧症（见表 9-1）。

表 9-1　惊恐发作型广场恐惧症的组成部分

表现形式	说明
惊恐发作	快速且强烈的急性焦虑发作，较多的躯体反应使患者认为自己即将死亡或发疯
惊恐发作障碍	惊恐发作反复出现，起初患者无法预测发作的时间和场合，且发作会留下创伤性回忆，并且患者会对惊恐发作的反复出现产生恐惧
广场恐惧症	患者为了避免惊恐发作而减少出行和参加活动的次数

惊恐发作

> 三月，我在上体操课。
>
> 很快，我开始感到眩晕。我的身体开始不听使唤，我没有任何

力气。下课时，不管换衣服、说话还是走路，我都需要付出超出常人的努力。我还以为这是低血糖导致的，我向别人要了块糖就走了。

向车走去时，我感到每次落脚，脚下的路都在下陷。我几乎要站不住了。但我需要去学校接儿子于勒一起吃午饭。

我手脚沉重，已经无法换挡。我好像在驾驶一辆卡车。我独自一人，感觉越来越差。我的脑袋轰轰作响，我感到自己仿佛无法呼吸，身体越来越虚弱，生命似乎正在从我的身体里溜走。我开始颤抖，我又热又冷。我脑中只有一个想法，那就是赶快到达学校。

虽然我已经看不到前路，但我强迫自己集中注意力。我从没经历过这么强烈、这么突然的感受。我要停车，我无法再开车了。我看到路边有两名交警，他们看起来那么远。但是我要去找他们。我将车停在他们面前。我无法呼吸，无法动弹。已经 11:30 了，于勒已经放学 15 分钟了。我的时间已经不多了。

一名交警感到很惊讶。他打开我的车门让我将车开走，因为我妨碍了交通。我确实模糊地听到了后面传来的喇叭声，但是我身体里各种可怕感受形成的旋涡让我失去了反应的能力。我一动都不能动。

我让一名交警去接在附近等我的于勒，另一名交警陪在我的身边。我能感到他很迷茫，不知所措。

已经中午 12:00 了。于勒在哪儿呢？忽然，我从头到脚感到一阵刺痛，痛感越来越强。我感到自己的身体正在变得僵硬。我本能地将手臂放在方向盘上。我一定要说话，否则我就说不出话了。我胸前仿佛被金属枷锁锁住了。我的嘴也变得麻木了，我只能说“我不行了”，还有“于勒呢”。我不停地想着他。他在哪儿呢？他在做什么呢？

胸前的疼痛变得愈加难以忍受。我的身体变得十分僵硬。我孤身一人，十分恐惧。一切都太可怕了。我无法交流，但我又需要帮助和救援，但是我无法说话。我胸前的疼痛是心脏病发作吗？我正一个人坐在车里等待死亡吗？

这是我让一位患者写下的惊恐发作时的具体感受。

惊恐发作后，她被送到了附近一家医院的急诊室，医生诊断的结果是“神经性疲劳”。几个月之中，惊恐发作又出现了多次。大部分都是在她外出时出现的，比如在商店里或者驾车时。渐渐地，她开始避免这些场合。她的生活变得越来越复杂。她无法独自出门。每次去购物或办事都需要他人陪同。她无法身处封闭空间，比如电影院、地铁或飞机。后来，她开始避免去人多拥挤的地方，比如商店或其他公共场所……到她决定就医为止，她已经与惊恐发作共处五年多。我们利用她的描述为她制订了专门的治疗方案，我们会在后文详细介绍。

现在让我们回到惊恐发作上来。

这是一种发病迅速而强烈的焦虑发作，发作强度可以在几分钟内达到最大。惊恐发作伴有躯体症状，比如心动过速、压迫感和窒息感、打冷战或发热潮红、眩晕感或不稳感等，有时也会伴随有不真实感和人格解体[①]。患者会感到发生的一切都不真实，或者感到自己从躯体中走出，以他人的视角看着痛苦的自己。在惊恐发作的过程中，患者会因为躯体感觉误以为自己即将死亡，或由于心理感受认为自己即将发疯、逐渐失去对自己的控制（在公共场合做出滑稽的举动、故意撞向窗户、引起车祸等）。

根据不同的场合，惊恐发作可以分为以下三类。

- 未知场合性发作。这一类的发作地点不确定。比如，夜间惊恐发作将患者从梦中唤醒。有些惊恐发作会出现在患者在家时。
- 易发作性场合性发作。在某些场合可能会发作，但不是一定会发作。比如，在乘车或购物时。
- 必发作性场合性发作。在某些场合一定会发作。比如，在过热、喧闹、混乱的地方排队，或者在某些无法随时离开的封闭空间（飞机、火车、人多的餐厅等）。

奇怪的是，有些惊恐发作是由安静、沉默、冥想、放松引起的。这其实是正常的。我们会看到，惊恐发作患者过于关注他们的身体感受，所以他们

① 个体对自身或外界事物感到疏远、陌生、不真实。——编者注

会担心“我的心跳是不是不正常”“我的呼吸是不是越来越困难了”。放松练习的要点就是把注意力放在身体感受上。所以放松练习会使这些患者陷入深深的焦虑，除非他们学会调节惊恐情绪。

孤立的惊恐发作是一种比较常见的现象。根据比较严格的诊断标准，我们估算有 8% ~ 15% 的人一生中至少经历过一次惊恐发作[2]。但很多人的病情仅停留于此。对于此症，医生们发明了很多称呼，在法国，我们叫它过度换气综合征；在拉丁地区，人们叫它神经发作……它也是很多精神科疾病的并发症，比如抑郁症或其他恐惧症，但它本身也可以发展成惊恐发作障碍。菲利普·德莱姆在小说《柱廊》[3]中描写了一个 45 岁的文学教授塞巴斯蒂安的惊恐发作。

> 什么时候都有可能发作。我们以为自己的内心和身体很强大、很从容，然后就发作了。一点儿眩晕，一点儿不适，然后我们立刻就发现这远远没有结束。一切都变得十分艰难。去面包店排队买面包，去邮局排队寄信，和别人在过道里聊聊天。这些无足轻重的小事都变得无法实现。我们感到自己在摇晃，我们以为自己要死了。这一切都太滑稽了……
>
> 抬起头来的时候，他感到自己摇晃。教室就好像一个让人头晕目眩的长廊，一个学生问了一个问题，但他没能听懂。他试着呼吸，重新调整自己，开始大声读着吉奥诺最新出版的小说《种树人》，但还是不管用，读了几句以后他开始大口呼吸。学生们面面

相觑。塞巴斯蒂安的左腿开始颤抖。他想到自己还有六小时的课要上，他脸色苍白，最后带着歉意说："我……我要先走了。我感觉不太好……"

聊一些他不感兴趣的事情，这种场合会引起他的不适。他难以填写手上的支票，他的签名难以辨认……

无论如何，他的不适感总是由焦虑引起或被焦虑放大的，他的紧张感通过一种求生的惊恐表达了出来……

他的情况好了一些。他还会在排队时感到不适，但上课的时候已经不会了……

惊恐发作障碍

当惊恐发作反复出现时，患者已经得上了一种极其影响生活的病症——惊恐发作障碍。这是由于惊恐发作造成了巨大的痛苦，患者对此产生了极大的恐惧，并害怕因此死亡或发疯。很多患者坚信自己患上了医生无法诊断的生理性疾病，他们会不停寻找专家检查[4]。很多患者则完全改变了自己的生活方式，放弃参加可能会引起惊恐发作的活动（出行、出差、工作等）。

在惊恐发作障碍中，惊恐发作的频率和强度因人而异。各种各样的频率和强度都存在。有的人每天都会经历很强的发作，这在惊恐发作障碍的初期比较常见，有的人只会偶尔经历不完整的发作，而且他们能阻止发作的进一步加剧，并及时逃离。这常在惊恐发作障碍的后期出现。这样的区别是生活方式不同引起的。逃避很多场合的患者发作的次数较少，但付出的代价就是生活受限或者产生药物依赖。服用药物确实可以减轻发作，但也会带来一定的依赖性。患者继续生活在对恐惧复发的担忧之中，他们觉得恐惧只是被药物“休眠”了。

如今，我们对惊恐发作机制的理解是，我们的大脑对躯体反应做出了灾难性解读。一些对其他人并无影响的现象（心跳加速、轻微眩晕、呼吸不畅，等等）被大脑当作了不可控制的惊恐发作的前兆，所以发出了灾难即将到来的警报。对这些短暂且轻微的躯体症状的灾难性解读让患者陷入焦虑。本来可以很快消失的症状被焦虑加强了，这种现象被称为“惊恐恶性循环”。从这个角度来看，惊恐发作是一个很有研究价值的病症，因为它是一种内感型的恐惧症。患者的注意力集中在躯体感觉上。这种疾病的发病率大概在1% ~ 2%。

值得注意的是，这种疾病似乎是普遍存在的。日本的精神科医生记录了一种叫作神经质的疾病。20 世纪初，日本精神科医生森田写道：“我们越关注一种感觉，这种感觉就会越强烈，我们也会更加关注这种感觉……这时我们就会感到害怕，无论我们能否意识到引起恐惧的心理机制的存在……发作的重复出现会使患者每天都生活在恐惧中，他会一直关注自己……发作的强度和频率也会逐渐提升[5]……”

无论如何，一旦患上惊恐发作障碍，病症似乎就不会自动消失[6]。如果不进行治疗，超过 90% 的患者在一年以后都不会好转[7]。在那些似乎有些好转的患者当中，40% 会复发；在那些症状比较轻微的患者当中（“不完全”惊恐发作障碍），15% 会发展成“完全的”惊恐发作障碍。所以我们不能轻视惊恐发作的症状，不能认为患者通过休息或度假就能康复，这样的情况是很少见的。

记者帕斯卡莱·勒鲁瓦[8]在自传体小说《焦虑尽头之旅》中以幽默的口吻讲述了她经历的惊恐发作：

“别的都没有变化，只有我变了，我坚信‘它’会在任何时刻归来，并把我碾碎。第一次发作时我感到很惊讶，此后我就等着它的归来……

“它来了。总是在街上。总是一样的感觉、一样的印象。我感到自己‘离开了’这个世界。一种强大的力量把我带到了别处。我变得愤怒、紧张、僵硬，我的身体石化了。我又冷又热，我出汗，我颤抖，我感到所有的力量都消失了。我的心跳快到了无法承受的程度……

“美国人把惊恐发作叫作‘惊恐袭击’。这个叫法没错。这就是袭击，我面对的是一个强大且敏捷的敌人，它不给我喘息、逃走的机会……”

广场恐惧症

很多惊恐发作障碍会自然而然地向广场恐惧症演化，很多因素会加速或限制这一演化过程。60% 的惊恐发作障碍患者会患上广场恐惧症[9]。

如今，我们将广场恐惧症定义为一种在某些场合会出现惊恐发作的恐惧症，包括一切在物理意义上或社交意义上很难离开的场所（比如坐在电影院中间的座位上），也包括那些出现不适却不能得到及时救治的场所（比如离家远的偏僻场所）。

广场恐惧症不仅仅是对空旷的公共场所的恐惧。广场恐惧症患者害怕的场合有很多，比如独自在家，排队，在迟迟不起飞的飞机上等待，在停在两站之间的地铁中等待，等等。

一些广场恐惧症患者由于采取了逃避策略，惊恐发作不再出现了。但这样的好转是有欺骗性的，付出的代价也是很沉重的。他们从此不能去人多的地方，不能去购物、去朋友家做客、去散步或参加其他户外活动……患者一旦尝试面对这些场合，惊恐发作就会再次出现，那么他们就会再次放弃。

我们认为，基本上每种惊恐发作障碍都会和广场恐惧症有直接或间接的关系。有的关系很明显，比如患者逃避所有场合；有的关系比较不明显，比如患者可以在某些条件下面对这些场合。有的患者只有在收音机打开的情况下才能开车，这样他的注意力就能转移到其他事情上；有的患者只有在非高峰期才去购物，这样就避免了排队；有的患者只有在别人陪同时或者携带手机时才敢出门，这样万一在室外出现不适能够及时得到救助。

广场恐惧症一旦出现，很快就会成为慢性病。我们经常遇到患病十几年的人。我接待过一名患者，她的女儿陪她来就诊。这是一名五十多岁的女患者，她已经患病三十多年。广场恐惧症患者常常具有（不是一定具有）依赖型人格。他们需要别人帮自己出主意、做决定，需要别人对自己负责。是广场恐惧症导致了这种性格吗？我们还不清楚。

我们也需要知道，有些惊恐发作障碍患者不会患上广场恐惧症，比如一些性格自立且强势的患者，又或者惊恐发作不甚强烈的患者。这些患者受到的惊恐之苦也会影响他们的生活。因为一些精神科医生认为，不太严重的惊恐也会对患者的生活产生很多限制[10]。

很多名人患有广场恐惧症或惊恐发作障碍，比如查尔斯·达尔文。这位“进化论之父”从28岁开始就常常感到焦虑发作、心跳加快、头晕目眩。鉴于此，他在环球旅行结束以后就过上了深居简出的生活。

影响生活的恐惧

惊恐发作障碍带来的影响是很大的，随之而来的广场恐惧症会使情况变得更加复杂。我们还发现惊恐发作障碍常常会和其他精神疾病并存，比如抑郁症、酒精成瘾[11]。惊恐发作也会导致很多社交障碍，很多患者甚至无法继续工作，也无法维持正常的社交生活[12]。

这些患者往往得不到正确的诊断和治疗。他们可能会常年服用钙、锌补充剂，或者接受不适合他们的心理治疗。和很多为自己的健康忧心的人一样，惊恐发作患者常常得不到医疗机构的正确认定，会被当作“焦虑型疑病症患者”，在好的情况下会被当作“讨厌的体感异常者”。惊恐发作患者会做很多医疗检查，但通常查不出什么结果[13]。刚刚经历过第一次惊恐发作的人确实会首先考虑看治疗身体疾病的医生。

一般的诊疗经过是这样的。在第一次惊恐发作以后，你会被送到最近的急救室。急救医生经过检查会初步诊断出跟神经相关的问题，让你去咨询家庭医生。家庭医生虽然会试着安慰你，但你不太相信他的诊断，因为“虽然家庭医生是个好医生，但他并不是这个领域的专家”。而且，只要医生不能告诉你具体的病因和疾病的名称，你就会继续担心。接下来的发作让你越来越担心，你开始咨询各类专家，为心跳问题咨询心脏科医生，为眩晕问题咨询神经科医生，为窒息问题咨询肺病专家和耳鼻喉科专家，等等。只要没有一个医生能诊断出惊恐发作障碍，你就需要长期与焦虑共处，而大多数情况正是如此。经常去医院急诊还有可能加重惊恐发作障碍[14]，因为医生往往会忽视引起惊恐发作障碍的心理因素。

惊恐发作障碍的发病机制

惊恐的恶性循环

认知理论为惊恐发作障碍提供了一个很有意思的解释模型（见图 9-1）[15]。

根据这一模型，惊恐发作患者和其他人一样，会偶尔感到身体有些异样，比如心跳速度和呼吸的变化、头晕……但这些正常的生理现象会被他们当作异常现象，他们也会由此产生恐惧，进而放大躯体感觉，甚至导致其他躯体感觉的出现，继而产生更大的恐惧。这就是我们说的惊恐的恶性循环。

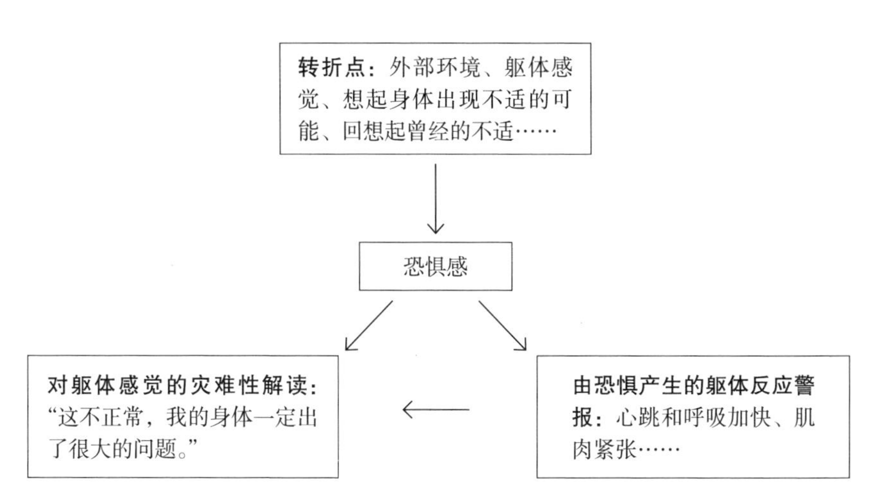

图 9-1　惊恐的恶性循环

惊恐的恶性循环一旦形成，就很难停止。我们在认知疗法中可以学到如何将惊恐的恶性循环扼杀在萌芽状态，使它无法开始恶性循环。这样，患者就可以逐渐控制恐惧的强度，他们只能体会到惊恐发作的开始，然后及时控制恐惧的强度，这样，恐惧就会逐渐回到正常的程度。

双重恐惧

与广场恐惧症并发的惊恐发作障碍之所以会对患者的生活造成如此大的影响，是因为患者实际上患上了一种内在与外在兼有的双重恐惧症。他们既害怕内在的躯体感觉，又害怕外部的环境因素。

对内在躯体感觉的恐惧症

惊恐发作障碍患者的最初恐惧往往源于患者自身的内在感受。他们害怕身体内部的不适感，我的患者曾这样描述他们的感受。

“我很不喜欢感到自己的心跳，这不是好兆头，这意味着我的身体会出现问题。

“有一天晚上我忽然惊醒，我以为自己要窒息了，这非常吓人。从此我开始害怕这种情况再次出现。我总觉得自己处在缺氧状态。

“如果我站立时间过久，就会感到头晕，我必须坐下或扶着什么东西，一堵墙、一个把手，或者抓着一个人。

“有时候我会觉得自己从躯体里出来了，觉得自己已经不是自己，别人在我眼里就像鬼魂，像行尸走肉，我无法与他们交流，一切都变得怪怪的。我不知道自己是不是真的存在。我害怕自己会永远处在这样的状态之中。我怀疑自己正在发疯。”

面对这些躯体反应（见表 9-2），惊恐发作患者往往会采取错误的方法来应对。几乎每个患者都用逃避来解决问题：为了不在睡觉时窒息，有的患者从此不再睡在床上，他们宁可坐着睡觉；有的人不敢一个人睡觉，总要别人陪着才能睡。一个年轻女患者甚至宁可和她的男性朋友们一起睡，即使她对他们并无感觉。这样做就是为了在没有女性朋友可以陪她时不至于一个人过夜。有些患者因为害怕心跳加速的感觉，从此不再做运动、快走或快速上楼梯。为了避免长久站立导致的头晕，有的患者只在非高峰时间才去购物，以此来避免排队。因此，惊恐发作障碍治疗中最必要的步骤就是让患者面对他们想逃避的场合。

有些患者为了避免关注自己的身体感受，会选择用其他事物转移自己的注意力。有些患者开车时一定要打开收音机，在家时一定要打开电视，乘坐飞机旅行时一定要阅读或者和旁边的人聊天。我有时会在治疗时提议我们都不说话，面对面地保持沉默。这个练习会让很多患者感到不适，但非常有用。

表 9-2　在精神科就诊的 8137 名惊恐发作患者的躯体反应及比例[16]

躯体反应	所占比例
心跳强烈、心跳加快	90%
呼吸不畅、产生窒息感	81%
头晕、站不稳、大脑空白或感到即将晕倒	70%
多汗	69%
发冷或发热	64%
疼痛、咽喉不适	62%
死亡恐惧	60%
颤抖或肌肉震颤	58%
害怕失控或发疯	56%
感觉异常（刺痛感、电击感）	51%
感觉颈部被勒住	51%
恶心和腹痛	40%
产生不真实感和人格解体感	33%

对外部环境的恐惧

除了对内在躯体感觉的恐惧，惊恐发作障碍患者也会对外部环境产生恐惧，包括一切容易导致不适感的场合（比如害怕窒息的人会害怕幽闭的环境）和一切没有可能得到救援的环境（比如攀登海拔较高的山）。患者会避免进入这些场合，或在一定条件下才能进入这些场合……下面是盖尔对自己逃避行为的描述："我从不乘坐电梯。我害怕电梯出故障时自己心脏病发作。但我会强迫自己乘坐某些电梯，比如玻璃电梯，当我能看到外面的时候，我会稍微放心一些，而且我没有恐高症。我也可以在白天乘坐一些人比较多的电梯。我想这样如果电梯遇到故障，很快就会有人发现。还有一些电梯明显运行良好，我也可以乘坐。我希望在乘坐电梯的时候旁边有人，这样如果我晕倒了，他们可以及时救助我。但如果电梯上的人太多，我是不会上去的。一旦电梯出故障，如果人太多，里面的氧气会很快耗尽。同样的策略我也会用在乘公共交通出行和购物时。您看，我的生活多么不容易……"

表 9-3 展示了广场恐惧症患者的主要类型。

表 9-3　广场恐惧症患者的主要类型 [17]

恐惧类型	所占比例
驾车	54%
购物	43%
独处	37%
在人多处	34%
离家远	34%
在餐馆里	34%

（续表）

恐惧类型	所占比例
乘坐电梯	29%
在幽闭环境中	23%
在桥、隧道中	20%
在公共交通工具上	17%
乘飞机	14%
在空旷的空间	6%

与惊恐发作有关的科研成果

惊恐发作障碍是20世纪90年代精神科的“明星疾病”。众多科研项目揭示了这种疾病的奥秘。其中最经典的一种研究测验了什么能使患有惊恐发作障碍的志愿者惊恐发作。几种化学物质被证实可以引发惊恐发作，这也让我们对与惊恐发作相关的神经机制有所了解[18]。我们也发现，即使只是口头描述躯体症状也能引发惊恐发作[19]。我们的想象力就是这么强大。

身体的过度预警

很多研究都证明惊恐发作患者会无意识地关注自己的躯体感觉，尤其是心脏感受[20]，其中一小部分患者甚至可以精确地计算自己的心率[21]。但是，对身体的过度关注反而对健康无益。我们对健康的定义不正是“器官安静运行”吗？儒勒·列那尔甚至说过：“最好的健康就是感觉不到的健康。”但是惊恐发作患者信奉的则是朱尔·罗曼笔下有名的庸医诺克的名言：“健康是个不稳定的状态，预示着坏事的发生……”

另外，惊恐发作障碍和疑病症有很多相似之处。这两种病的患者都倾向于过度关注自己的身体，并且总是因为很小的细节就做出最坏的联想，但是疑病症患者往往确信自己已经生病，他们害怕自己被确诊患了某种致死的慢性疾病（癌症、艾滋病、白血病等），而惊恐发作患者害怕自己得了某种可以快速致死的疾病（心肌梗死、脑动脉瘤破裂、急性肺水肿等）。

在自我观察方面，惊恐发作患者总是处在一种摇摆不定的状态。他们不喜欢关注自己的躯体感觉，因为这会引起身体不适；但他们也不喜欢完全不关注躯体感觉，因为他们害怕自己会忽视某些严重的问题。他们总是处在中间位置，他们会关注自身并由此感到不适和担忧，但他们又不将担忧进行到底，这导致了担忧的慢性化。

什么叫将担忧进行到底呢？就是将自己害怕的躯体症状放大，看一看会发生什么。我的一位患者对这一练习做出了完美的总结：“灾难性联想最好偶尔彻底地进行，比一直陷在里面要好。”焦虑性的不完整的自我观察也是我们的主要治疗对象。

过度换气和对二氧化碳的过度敏感

一些惊恐发作患者容易过度换气，也就是说，他们的呼吸节奏过快，或者呼吸幅度过大。这是为什么呢？

这可能与呼吸系统调控功能的失灵有关。

一些科研人员提出以下假设：我们每个人的神经中枢系统都有监测空气中氧气含量的功能，这类似一种缺氧报警装置。有一些患者对空气中的二氧化碳过于敏感，因此他们在某些通风不畅或者人多的环境中（毕竟每个人都需要呼吸）更容易惊恐发作[22]。这也能解释为什么他们有过度换气的习惯，这种习惯能够帮助他们减少血液中的二氧化碳含量，并增加氧气含量。

惊恐发作患者经常产生的窒息感和缺氧感就是过度敏感而不是真正的缺氧导致的。我们在吸入氧气后会排出大量二氧化碳。人多而封闭的空间里的二氧化碳浓度就会上升，但我们并不会因此缺氧，因为空气中的含氧量总是充足的。但是惊恐发作患者会无意识地检测出二氧化碳含量的增加，并开始紧张。而且并不只有惊恐发作患者会高估他们在封闭环境中对氧气的需求量，一些没有患上惊恐发作的人也会犯这个错误，但他们不会因此感到恐惧[23]。

这种过度敏感似乎也呈现了一定的家族风险，因为它也会出现在惊恐发作障碍患者的家庭成员中[24]。他们的家人不一定达到惊恐发作的程度，但他们也经常会在人多的地方感到“喘不上气”，并出现惊恐发作的早期症状。有些人在童年时期就已显现这一倾向，即使是在他们并不感到焦虑的时候，我们仍可以从他们不规则的呼吸节奏中检查出焦虑[25]。惊恐发作患者的家人都很熟悉这种过度敏感的临床表现：他们经常需要深呼吸或者叹气[26]，他们的呼吸节奏很不稳定、很不规律[27]。

呼吸方式的问题

前文解释了为什么惊恐发作障碍的治疗以针对呼吸的治疗为主。这其中的矛盾之处在于过度换气虽然可以防止二氧化碳含量增加，但也会产生一些副作用，比如产生类似恐惧的感觉。你可以想象以下画面：当你为一个儿童游泳池充气而不停地吹气一段时间后，你就开始感到头晕眼花，眼前一片模糊，你的嘴唇和舌头开始刺痛，你的心跳开始加快……

因此，呼吸练习和呼吸控制方法对有过度换气问题的惊恐发作患者来说十分有用。

惊恐发作和身体异常的关系

曾经一段时间，很多研究都试图找到惊恐发作的身体原因，比如有的研究发现，惊恐发作患者的一个心脏瓣膜——二尖瓣可能存在异常。然而，惊恐发作并不一定与这种异常有关[28]。而且，这方面的研究不应该将惊恐发作彻底理解为生理疾病而忽略它的心理因素。

当然，惊恐发作的生理因素也不应忽视，因为一些患者的恐惧确实来自生理性的不适。“凭空而来”的惊恐发作非常少见。比如，一些研究证明，某些惊恐发作患者，尤其是广场恐惧症患者的内耳[29]存在异常。内耳是负责身体平衡感的器官。这些异常也能解释为什么这些患者很容易在忽然抬头的时候感到眩晕，以及为什么他们在调整视觉范围，比如在连续在近看和远看之间转换时，他们更容易感到不适。那么在治疗这些患者的过程中就要考虑这些异常，教他们学会与这些异常共处，因为异常并不一定是疾病。

对这些患者来说，最重要的是，在他们感到惊恐发作即将出现时，学会信任自己的身体，不要害怕身体的一些小小的变化。这些变化只是生命的表现形式，而生命充满了并不危险的不规律性和小小的故障。

最后，心灵与身体的密切联系也有积极的一面。惊恐发作障碍患者在接受治疗以后也会感受到身体状况的改善，他们会更好地接受自己的躯体感觉[30]。

面对惊恐发作和不适

“那是我去缅甸旅行时的遭遇。我们到达缅甸的第二天，刚刚用过早餐，我正乘坐宾馆的电梯下楼，电梯忽然停在两个楼层中间。电梯里的灯也不亮了。其他人都没害怕，我的丈夫就在我的身边，可是……我感到一种无法控制的惊恐正在我的身体里萌生。我紧紧地抓着丈夫，差点把他的骨头捏碎。我以前从来没有过这样的感觉。我曾经登山、跳伞、漂流和摩托车骑行。我不是个胆小的人。但那次，我感到了死亡的来临。我明白了‘惊恐’这个词的含义。幸运的是，电梯故障只持续了几分钟。但在黑暗的电梯里度过的这几分钟是我一生中最可怕的时刻。恐惧的感受瞬间充满了我全身，仿佛数把刀子扎在我的皮肉上面。不知为何，我只想控制住自己，让自己不要尖叫。可能是害怕别人笑话我，也可能是因为我害怕一旦叫出来，我就永远不能停止，我会变得歇斯底里，无法控制自己。这时电梯里的灯又亮了起来，电梯也开始继续运行。可我已经筋疲力尽了，就像被敌人重击了的拳击手，在恐惧中僵住了……在接下来的旅行中，我再也不敢乘坐电梯了。直到现在，6个月过去了，每当我乘坐电梯，仍然会对那次的经历心有余悸。”

在那次惊恐发作后，希勒维尼来找我问诊。她想知道为什么会出现那次惊恐发作，以后会不会再次发生。这样的惊恐发作是很常见的。希勒维尼的性格本来就比较焦虑，长途旅行和时差导致的疲劳都为惊恐发作提供了有利条件。为了减轻疲劳而过量摄入的咖啡以及身处异地的轻微不安全感也起到了推波助澜的作用。有一次，我接待了一位飞行员，他在驾驶着坐满乘客的飞机时忽然感到焦虑发作。他把手头的任务交给了副驾驶，让自己慢慢地平静了下来。但每次回想起这段经历，他都深感不安，也从未向他人透露过。如果我的读者里有飞行恐惧症患者，请你们放心，这位飞行员现在很好！

急性惊恐发作时应该怎么做

很多人都曾感受过惊恐发作，但他们中的大多数都不会选择就医。他们自己就能找到我下面要介绍的解决办法。

无论如何，当恐惧的早期征兆开始出现时，我们一定要告诉自己，这只是恐惧在作祟，这样就能阻止恐惧循环的产生。我们的首要目标就是不要惊慌，因为惊慌反而会加重惊恐的情绪。就像希波克拉底说的一样："首先不要造成伤害。"

我们最好平静地呼吸，如果需要，可以对着手掌或对着一个袋子呼吸。这样做能够防止过度换气。过度换气的本能反应是正常的，它可以帮助我们的机体补充氧气。但它也能加重焦虑，进而导致惊恐的恶性循环。我的一位患者在一个商店里惊恐发作，当消防员将氧气面罩盖在她的脸上时，她的惊恐达到了顶峰，因为她正在强烈地过度换气。

我们还最好留在原地，这样才能让我们的情绪脑相信并没有真实的危险存在。前文提到的希勒维尼就应该当天再次乘坐电梯，而那位飞行员则应该继续执飞。

最后，我们还应该在恢复平静后仔细地回想发生的一切，了解不适是如何被恐惧引发的。否则假警报就会被当成真的，下一次它还会响起。

当然，如有疑问，我们最好尽快就医。医生的一些习惯和本能能够区分真警报和假警报。我还记得有一次乘火车出行，听到一位乘务员正在为一名乘客寻找医生。一位有吸烟史的六十多岁的先生感到身体不适。看到我的到来，他急忙对自己做出了诊断："我最近有些疲惫，压力很大。"虽然我只是精神科医生，但我也能看出他不仅仅是焦虑。我通知了救护人员，在火车的下一站将他接到医院。我能感到自己的举动不太受欢迎，但在有疑虑的情况下，我宁可选择"假阳性"而不是"假阴性"的诊断，以免漏诊一个严重的问题。火车重新启动，一小时后，乘务员告诉我，这位乘客被确诊为心肌梗死。虽然没敢说出口，但我感到自己松了口气。

如何治疗广场恐惧症

认知行为疗法

这种新兴疗法改变了众多惊恐发作患者以及广场恐惧症患者的命运。这类疗法基于很多互相关联的治疗技术，其疗效已经得到很多科研成果的证实[31]。

接受惊恐发作的心理因素

这一步骤十分重要。患者对惊恐发作机制的了解越多，就越乐意主动进行让他们备感恐惧的暴露练习。他们在练习中感觉到的恐惧是十分真实的，就像未患恐惧症的人被和三只老虎关在笼子里时感到的恐惧，而我们在一旁安慰他们，告诉他们这没什么，老虎刚刚吃过早餐……

学会呼吸技巧和放松练习

向患者解释过度换气会如何加重焦虑以后，治疗师应该教患者如何规律地呼吸，我们一般推荐每分钟六个呼气吸气循环。我们慢慢地吸气六秒，默数“一二三四五”，然后再慢慢呼气五秒。我们也可以在每次吸气和呼气之间加入一秒的停顿时间。

放松练习也可以起到一些作用，但单独使用是不够的。因为此类练习的目的是防止焦虑加重，起到预防的作用。

打破惊恐的恶性循环

认知疗法可以帮助患者缓解焦虑思维。通过与治疗师的探讨，患者可以意识到自己的自动思维和焦虑型解读方式，摆脱那些令他们担忧的想法……虽然这类练习很有必要，但只适合在治疗的前期进行，而且一定要用行为疗法进行巩固。因为只对“冷认知”进行训练（而没有情绪的激活）是无效的，只有进行“热认知”练习，过度恐惧才会逐渐消除。表 9-4 是广场恐惧症患者的认知变化。

表 9-4 广场恐惧症患者的认知变化

治疗前认知	治疗后认知
如果我开始头晕，那么我一定会晕倒	我时不时就会头晕，我很不喜欢这种感觉，但这不要紧。这说明我有些疲劳或者有些紧张
这些不适感意味着我得了严重的疾病，我肯定会死掉	这些感觉已经持续几年，但所有检查结果都是正常的。所以这没什么，我不会因此而死掉
惊恐发作时我没有任何办法，我只能逃跑或者吃一把镇静剂	如果我留在原处不动，保持镇静，那么惊恐发作就会过去。在焦虑面前我不撤退，那么焦虑就会撤退

摆脱创伤性记忆：暴露于对最糟糕回忆的想象之中

很多患者会避免回忆惊恐发作的时刻，但这些回避行为也会使恐惧保持自己的力量。每次恐惧复发的时候，这些记忆也会随之归来，所以我们有必要“清理”这些记忆，让它们留在情绪脑的过去，而不是在当下影响我们。否则，这些创伤性记忆就会与恐惧紧密相连，每当回忆到这些痛苦的时刻，恐惧也会随之出现。

为了让患者面对自己的回忆，我们会让他们用生动的语言描述最初几次惊恐发作时的感受，因为那时的感受是最强烈的也是最具创伤性的。我们还会让他们将这些感受记录下来，并经常阅读。最终，他们只记得这些糟糕的瞬间，而不会重新体验当时的情绪。我和我的患者索菲就做过这类练习。我们甚至对她的描述进行了录音，这样她就可以每天都拿出来听一听，直到将恐惧耗尽。

触发自我的躯体反应：针对恐惧感的暴露练习

不熟悉行为疗法的人可能会对这种疗法感到吃惊：为什么治疗师会让患者用吸管吹气，又为什么让他们坐在转椅上飞快地旋转呢？

这么做是为了让患者产生他们惧怕的躯体感觉。以下是我们在行为疗法中常用的一些练习[32]。

- 让患者站立（20 ~ 40 分钟）。他们一般会认为自己最多能站 3 分钟，然后就会感到不适。
- 让他们坐在转椅上原地转圈（1 ~ 2 分钟），或者让他们像舞蹈演员一样单脚转圈。这样做的目的是让他们不再害怕眩晕感（每个人都害怕眩晕感，包括治疗师）。

- 让他们快速左右摆头（1 ~ 2 分钟），目的与上一条相同。
- 让他们过度换气（1 ~ 2 分钟），也就是快速且大幅度地呼吸。你可以将手头的书先放下，试试看……
- 让他们用一根吸管呼吸（1 ~ 2 分钟），并将鼻子堵上，这样能产生他们害怕的缺氧感。
- 让因害怕而心跳加速的患者快速上下楼或者做俯卧撑，做蹲起运动（5 ~ 10 分钟）。然后让他们感受自己的心跳，并且意识到这没什么，心脏可以自己恢复平静。

收复失地：针对逃避场合的暴露练习

经过上述训练，根据广场恐惧症的程度，我们会建议患者做经典的暴露练习。一些患者需要尝试独自出门，逐渐扩大自己的活动范围。一些患者需要重新乘坐交通工具出行，乘公共汽车或地铁一站、两站、三站。一些患者需要学会排队等待。我曾陪同一位患者去医院附近的一家大型超市。他在牙刷区犹豫了半小时，我在他附近来回走，让他自己调节恐惧，但我并不走远，因为这是他第一次试着做这样的暴露练习。但是我们的行为吸引了保安人员的注意，他走过来问我们是否遇到了什么问题。我和我的患者给保安就恐惧发作讲了一课，虽然他看起来不是很感兴趣，但他还是让我们完成了商场里的练习……

保持战绩：运动万岁

规律的体育锻炼对惊恐发作患者是非常有益的。因为他们能在锻炼的过程中逐渐适应很多躯体感觉。但是，正是对躯体感觉的恐惧使他们尽量逃避体育活动[33]，而规律的体育锻炼却能够改善他们的症状[34]。在这种情况下，最有效的暴露练习是规律进行的小练习，而不是间隔很久的、较为困难的练习。

恐惧、战栗降临到我身上

惊恐发作也许自古就有。但是我们也可以自问，这些由不安全感和对严重疾病的担忧导致的广场恐惧对现代人的影响是不是更大呢？现代的生活方式使人们需要经常出行，比如人们需要驾车或乘坐公共交通工具上下班，人们也需要乘坐火车或飞机出差和度假。和现代人相比，传统社会的广场恐惧症患者不会如此强烈地感到此病带来的不便。因此，我们应当理解现代广场恐惧症患者的痛苦和他们对帮助的渴求。

治疗师对这种疾病如此感兴趣也有另外一个形而上的原因。我们会经常和惊恐发作患者进行“哲学讨论”。他们对生与死的问题、健康与疾病的问题、自主与依赖的问题的焦虑让他们对人生的本质产生了思考，比如生存的失控感、各种眩晕感、不真实感，以及对生命脆弱之处的深刻体会。他们意识到生命的转瞬即逝，这种执着让他们感到恐惧和疯狂。所有人内心深处都有这样的恐惧，但大多数人能做到不去多想，或者偶尔想起时也不会惊慌失措。而惊恐发作患者则无法忘记这些恐惧。因此，战胜恐惧症会成为他们的力量所在，他们的人生将比其他人更为丰富。

第十章

其他恐惧

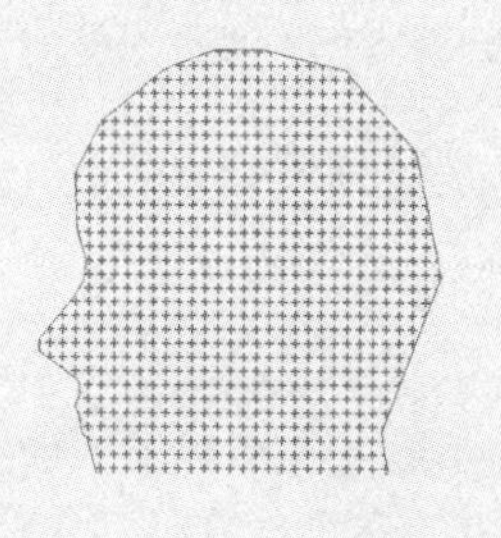

害怕死亡、生病，害怕肚子发出声音，害怕呕吐、噎死、分娩、性行为、打自己爱的人……

恐惧的种类无穷无尽，因为生活中的危险和想象中的危险也无穷无尽。

想象力丰富的恐惧只有一个解药——想象力同样丰富的治疗师和患者。他们共同对抗这有趣又可恨的敌人，让恐惧的人恢复理智。

最后，我们再来谈一谈两个最“有意思”的恐惧症——死亡恐惧症和疾病恐惧症。因为它们，我们对健康和生命也有了更深入的思考。当然，我们的首要任务是打败它们……

"不惧死亡的人也不惧怕任何危险。"

——高乃依

"克里斯托夫·安德烈医生，恐惧症医师"。

在我们医院收到的信里，有些信的地址和称谓非常有想象力，但那天早上，我还是第一次收到印有"恐惧症医师"这一想象出来的称号的荣誉证书。我很开心，这信封一直被我保存在圣安娜医院的办公室里。和很多同事一样，我确实接诊了不少恐惧症患者。

假性恐惧和假性恐惧症

一些过度恐惧其实是其他疾病导致的。颞叶癫痫患者容易在疲劳和情绪波动时出现惊恐发作[1]。在比较罕见的情况下，儿童的恐黑症可能与一种家族性眼部疾病——视网膜病变[2]有关。但是我们很难找到恐惧症具体的生理发病因素。

惊恐发作会给受病痛折磨的患者的生活带来额外的影响。我曾经的一位患者埃马纽埃尔给我留下了深刻的印象。轻度脑损伤导致他的运动机能有些缺陷，也间接地致使他患上了社交恐惧症。由于脑部残疾，埃马纽埃尔行动有些困难，他走起路来左右摇摆。他的精细动作也存在一定的障碍，拿起任何物品对他来说都不太容易。他也存在表达困难，很难流畅地说话，说话时总是断断续续而且声音很大。与他交谈并不轻松，需要一定的时间和耐心。但他其实是一个很聪明、很热情的大男孩，没有辜负我们为他付出的努力。他也很有勇气，一个人住在巴黎，生活中遇到不便之处时有邻居和朋友提供帮助。他的家人住在法国北部的一个城市，他不想一直依赖家人，而想自食其力。

埃马纽埃尔的性格开朗，充满好奇心。他喜欢坐在酒馆的露台上喝着小酒观看人来人往。如果手里有点闲钱，他还喜欢去餐馆犒劳自己。还好，身体疾病并没有将他摧毁。但他也曾多次遭到服务生的拒绝，有时还会被“遗忘”，尤其是当他点酒精饮料时。虽然已经是一个成年的合法公民，完全有权利饮酒，但他还是时不时地遭到拒绝，或者听到类似“你的状况不适合喝酒”的借口。时间一长，埃马纽埃尔开始感到厌倦，一次又一次的拒绝让他逐渐失去了在巴黎生活的乐趣。他开始害怕去那些他不被认可的场所，害怕见到那些被他幽默地称为“缺陷定义者”的人。他甚至找到一种应对策略：他会在去酒吧或餐馆前几天提前通知该场所的负责人，向他们解释他的特殊情况——他的运动技能障碍和语言障碍，并且强调他头脑清醒，完全可以对自己负责。简而言之，他们无须害怕他和他的缺陷！

存在身体缺陷的人也许看上去有点儿可怕，但他们往往是他人异样眼神的受害者。别人能够看到的缺陷往往会使当事人更易患上社交恐惧。比如，帕金森病患者害怕别人用异样的眼神看他们的抖动，因此会对他人产生过度的恐惧[3]。有 30% 的家族性震颤患者也会患上社交恐惧症[4]。

在所有因担忧生理疾病而产生的恐惧症中，运动恐惧症是很常见的一种。患此症的人不敢轻易活动或不敢做某些动作。这种疾病在（即使是暂时地）感到疼痛的人身上较为常见，如坐骨神经痛患者。另外，还有一种相似的疾病——心理活动恐惧症。这种疾病在偏头痛患者中较为常见。患者害怕各种能够引起偏头痛的心理活动[5]，他们的座右铭是“不要自寻烦恼”。以上两种疾病都属于疼痛恐惧症，患病者会避免某些特定场合，比如牙病的治疗。此类恐惧症的产生可能与既往治疗中不适当的疼痛处理有关。

很多恐惧和恐惧症都可以归结到上文介绍的三类主要恐惧症中。比如对脸红的恐惧、对出汗的恐惧、对颤抖的恐惧都可以归属为社交恐惧。

一些恐惧症和某种特定的文化相关。有一种只有在日本存在的社交恐惧症——担心他人窘迫恐惧症，指的是害怕自己的不妥当行为打扰别人而产生的恐惧症[6]，比如没有以正确的方式微笑。这其中的文化特征是“我不害怕被别人打扰（这是西方文化的特征），但我会因为打扰别人而感到恐惧（害怕自己无法融入某个群体是东方文化的特征）”。

同样，因纽特人的惊恐发作与地铁、排队以及堵车无关。他们更害怕乘坐海豹皮小艇猎杀海豹（“如果我在冰山后面突然晕倒了怎么办”）。

在法国的文化中也存在一些有趣的恐惧症，鬼魂恐惧症往往和黑暗恐惧症、死亡恐惧症以及独处恐惧症同时出现；某些幽闭恐惧症和惊恐发作患者还会患上活埋恐惧症……

后文中，我们会从患者的主观感受出发，讲解一些无法被归属为某个种类的特殊恐惧症。我们也会讲解一些与其他心理疾病相关的恐惧症。

罕见的恐惧和恐惧症

对进食或饮水时被噎（呛）死的恐惧

对噎死的恐惧比较常见。患有此症的人只能接受半流体的、切成小块的或者需要充分咀嚼的食物。他们不能忍受任何放入口中的坚硬的物体。他们勉强可以接受使用牙刷，但是十分抗拒牙医。他们也害怕吞食药物以及其他稍大的胶囊状物体。他们不能穿高领衣服，不能系领带，害怕所有可能导致呼吸困难的呼吸道和耳鼻喉疾病。他们的噩梦就是在吃东西的时候噎死或者被藏在一串葡萄中的马蜂蜇，因咽喉水肿而被憋死。

对在公共场合呕吐的恐惧

我见过很多害怕在公共场合呕吐的患者，他们在参加社交活动前会避免进食。有的患者同时患有其他社交恐惧症，有的患者只患有这一种恐惧症。

我的一位患者，我们暂且叫她查尔林娜，出门前绝不进食。因此工作日时她只在晚上进食。如果她与人共同进餐，而且进餐后还要与他人共处一段时间，那么她只吃主食——米饭、面条、马铃薯类食物。她认为这类食物在胃里更“待得住”。她尽量吃颜色浅的食物，如果能吃奶油意面就不吃番茄酱意面。这样，如果出什么意外她会显得没那么恶心。她的治疗师让她在就诊前先进食，然后带着她去大街上、商店里或地铁上散步。在练习的过程中，她还要时不时地到咖啡馆里问：“请问我能用您的卫生间吗？我有些恶心想吐……”然后她会去卫生间假装呕吐。然后出来，向服务生索要纸巾。经过 6 个月的治疗，她的恐惧明显减轻了。她开始接受朋友的进餐邀请，并尝试以前不敢食用的食物。

对肚子咕咕叫、放屁和大小便失禁的恐惧

我们在认知行为疗法中经常接收一些奇怪的病例，本书的读者可能已经注意到这一点。但在我的恐惧症专家生涯中，最奇怪的应该是伊莎贝尔的案例。

伊莎贝尔是一名 30 多岁的年轻女性，她因社交恐惧症就诊。通过谈话我发现她的社交恐惧症并不严重，但她有其他问题亟待解决。当我试着指出她的问题时，她打断了我说：“呃，大夫，我在某些场合感到不适是因为我害怕放屁……”伊莎贝尔害怕她肚子发出的声音，尤其是在公共场合放屁。这个别人都不太在意的问题是如何在她这里变成担忧的对象的呢？

伊莎贝尔认为，这与她青少年时期受过的一次侮辱有关。由于紧张，她在讲台前总会放屁，老师在所有人面前嘲笑了她。更糟糕的是，班里的几个男生每次接近她时都会用嘴模仿放屁的声音。这件事很快传遍了全校。于是很多人都开始嘲笑她。最后，她的父母不得不为她办了转学手续，但伤害已经造成。

伊莎贝尔确实是个很敏感、很情绪化的女孩。她确实不太自信，也有些内向。但她的人格没有到达病态的程度。她的问题存在于另一个方面。她说："我已经进行过两次治疗。通过治疗，我获得了些许自信，但我的恐惧症没有丝毫变化。"我向她解释了行为疗法是如何进行的，也就是学会如何不再因为放屁而感到羞耻，我建议她去公共场所，比如地铁、候诊室等地方放屁。伊莎贝尔不太相信我说的话，第二次治疗的时候她没有出现，后来的一年我也没见到她。忽然有一天，她又联系了我，她有些不好意思地说："您上次对我讲的暴露练习吓到我了。我不敢像您说的那样做。但是……我遇到了一个喜欢的人，我害怕和他在一起的时候会忍不住放屁！"

几个月以后，治疗开始了。我们先将她的所有恐惧检查了一遍。伊莎贝尔害怕放屁会被人当成恶心和不礼貌的人。她说她从没听到过别人放屁。她最害怕的是再次经历中学时期的嘲讽。我们利用两次治疗的时间讨论了她中学的经历，我让她重新体会当时的感受和情绪，从而清除这段创伤性记忆。接着，我们将所有别人听到她放屁后可能产生的反应列成一个清单。比如："哎呀，谁这么不讲究。"通过这样做，我们可以平静地分析她放屁带来的后果究竟有多严重。

最后，我们开始准备暴露练习。我先让伊莎贝尔带着一个可以模仿放屁声音的袋子去商场。我们在治疗的时候练习过用这个袋子发出类似放屁的声音。我们还做了几个角色扮演练习。我让伊莎贝尔用微笑回应别人的不满，比如："不好意思，最近我肚子有点胀。"我还鼓励伊莎贝尔和她最要好的朋友讨论这个问题。她从来没和父母、医生之外的任何人提及她的这个问题。

于是，在接下来的一次治疗中，我们带着这个袋子先去了地铁上，后来又去了医院旁边的一家大宾馆、一家大型商场，我们在这些场所制造了类似放屁的声音。最初是我制造声音，后来伊莎贝尔亲自上阵。她要在制造声音的同时看着周围的人。一小时以后，伊莎贝尔明白了我的意思：放屁确实有些让人难堪，但也不是什么大事……

接下来，伊莎贝尔需要将自己暴露在真正的风险中。长久以来，伊莎贝尔都不敢吃让她放屁的食物，比如芸豆、小扁豆、卷心菜或洋葱等。她的任务就是重新开始吃这些食物。同时，她也和一位朋友谈起了自己的问题。她的朋友告诉她自己也有这个问题，因为她患有吞气症。一个星期六下午，她们一起去购物，她们在商场里、公交车上、在其他公共场合不停地开对方的玩笑："你又放屁了！""不！是你！"然后两个人都笑得不能自已……当她向我讲述这个故事的时候，我知道她就快痊愈了。几年后，我在女儿的房间里看到一本童书，书的名字是《怎么还是你，伊莎贝尔》，书中的小主人公是个腼腆的女孩，她因为自己总是放屁而感到非常不开心[7]。但书的作者并不是我的患者伊莎贝尔。

然而，不是每个患者的治疗结果都如此令人满意。有的时候患者的心理障碍比伊莎贝尔严重得多。这时，暴露练习可能会引起患者强烈的情绪反应，因此，治疗方式应该考虑患者的脆弱之处。

在对大便失禁恐惧症的治疗当中，暴露练习就没那么容易了。但患者也需要试着摄入那些容易引起腹泻的食物，比如新鲜的水果蔬菜。需要注意的是，当恐惧到达极点，控制大便的生理机能受到的影响是真实存在的，而不仅仅存在于患者的想象中。第一次世界大战中的很多士兵在极端恐惧的影响下会控制不住地腹泻，这一现象甚至被命名为“年轻士兵腹泻症”。因此，在这类患者的治疗当中，我们首先需要减少其他方面的羞耻感和社交恐惧。我们让患者练习如何面对他们害怕的场合：穿浅颜色的裙子或裤子，然后故意将其弄脏，到一家酒吧询问是否可以使用他们的卫生间，说明自己“出了点意外”，不可以遮掩自己。这种练习主要的思路是让患者练习如何面对让大家都感到尴尬的场合，而不让恐惧毁掉自己的生活。此方法也适用于小便失禁恐惧症。

如果患者的病情已经达到这个程度，我会告诉他们千万不要自责，因为自责对他们来说意味着“双重折磨”——他们除了要承受自己不能控制的生理问题带来的痛苦，还要活在自己可以避免的恐惧和羞耻当中。

对摔倒和露天环境的恐惧

很多年迈、生活自理能力较差的人都会害怕行走，因为他们害怕摔倒。有的人摔倒过，一个人数小时甚至数日在地板上等待救援人员的到来。这类恐惧的影响很大，很多老年人因此放弃了所有的出行，包括一些必要的出行。这对他们的身体、心理和社会平衡都是不利的。当他们身处露天场合时，他们的恐惧还会加重，甚至近似广场恐惧症[8]。有些年轻人也会患上滑倒恐惧症。我的一位患者不敢穿袜子或丝袜，因为她害怕会因此摔倒。著名的美国卡通漫画家盖瑞・拉尔森根据自己童年的经历描述了一个类似的恐惧症——被狼追赶时滑倒恐惧症（luposlipaphobia）。这个词是他根据拉丁语的狼（lupus）和英语中的滑倒（slip）造出的新词，指的是“我们穿着袜子站在刚打过蜡的地板上，这时有一只狼绕着厨房的桌子追着我们跑时滑倒的恐惧……[9]”

分娩恐惧症

分娩恐惧症自古就有，但古时的分娩恐惧和当时的卫生条件与医疗水平有关。要知道，现代卫生常识出现的时间其实很晚，比如在接生之前洗手的习惯以及抗生素的应用在两个世纪以前是不存在的。当时产后死亡更为常见。所以在那个时代，分娩恐惧症的存在是有依据的。如今的医学技术已经基本可以避免分娩时的意外事件，但分娩恐惧症似乎仍然普遍存在，虽然我不知道具体的数据[10]。

分娩恐惧症可能是“原生”的，也就是可能在没有分娩经历的人身上出现。一些年轻女性为了不承担分娩的风险，宁可逃避性行为或者采取严格的避孕措施。当她们想要孩子的愿望非常强烈时，她们会恳求产科医生对她们进行剖宫产。

分娩恐惧症也可能是“次生性”的。一些女性在第一次分娩时经历了一些糟糕的事件，比如新生儿生病或死亡，或者生产过程出现了意外。由此产生的恐惧可能会延续到所有与分娩有关的事情上，比如听到别人讲述自己的分娩过程或看与分娩相关的图片时感到恐惧。对这种恐惧症的治疗方法目前还非常有限。

不典型和罕见的恐惧症

翻遍有关恐惧症的文献时，我们会发现，就像诗人雅克·普莱维尔所说，什么样的恐惧都有。有人害怕布偶，有人害怕下雪，有人害怕鲜花，有人害怕蝴蝶，有人害怕十字架，有人害怕狂喜……这些恐惧症较为罕见，很多都不为人知，只有对这方面感兴趣的精神科医生和心理医生会略知几个病理，所以很多此类疾病的知识无法普及。

此外还有一些强烈的反感，比如对粉笔或指甲摩擦黑板、金属板的声音的反感。有人不喜欢丝绸或棉絮的触感，他们会因此避免穿这些材质的衣服，但这与恐惧不同，其中更多的是讨厌。有些味道也会让一些人感到不适，比如有的人对玫瑰的味道反应十分强烈。这方面的研究也非常少，虽然我们知道，在一些情况下，恐惧症也包含讨厌的情绪（对鸽子、昆虫、血液的讨厌）[11]。

总体而言，恐惧症越是罕见，医生就越应该谨慎处理，尤其是当恐惧和正常的进化逻辑有出入时。要知道，恐惧的存在是为了让我们远离危险，保护自己。某些奇怪的恐惧症可能与人格分裂和人格障碍有关，例如边缘性人格障碍。如果奇怪的恐惧症出现在“正常人”身上，那可能与个人和家族历史有关。

罕见恐惧症的治疗

很多心理疗法都避免针对恐惧本身进行治疗，比如有一位布偶恐惧症患者接受了 4 年、长达 700 多小时的精神分析[12]。目前我们一般认为，直接针对恐惧症进行的心理疗法更加有效，当然，这也需要能够分辨真假恐惧症的比较有经验的治疗师提供指导。

由其他焦虑性疾病引发的恐惧和恐惧症

很多心理疾病都能引发恐惧症，例如抑郁症、人格分裂症等，但是最常见的能够引发恐惧症的心理疾病要数强迫性焦虑症。

焦虑属于预期恐惧。焦虑的出现往往伴随着对环境的过度关注和一些防患于未然的处理方法。所有恐惧症患者都有焦虑倾向。恐惧症越强烈，恐惧对象越多，强迫性焦虑也就越多。比如，社交恐惧症（因为很多社交场合都无法避免）以及惊恐发作（因为无法预知发作的时间）的强迫性焦虑最多，而动物恐惧症以及恐高症患者就没有太多的强迫性焦虑，因为他们可以预知自己是否需要面对恐惧源。但有时，强迫性焦虑会变成比恐惧更大的问题，下面我们就来介绍这些问题。

在患有这些疾病的人中，我们能发现他们对某些事物不理智的恐惧以及各种逃避行为，也能发现一些被我们称为“侵入性思维”的现象。患者控制不住地反复思考他害怕的事物，即使该事物与患者之间有很远的距离。另外，这类患者的担忧往往比简单的恐惧更具双重性。他们一方面能感受到强烈的恐惧，比如害怕患上某种疾病，他们因此会尽力避免去想、去听相关信息。但另一方面，为了使自己安心，他们又需要去面对恐惧，去获取有关疾病的信息，比如翻阅百科全书或者咨询医生。和“真正的恐惧症”有所不同的是，为了达到目的，这类患者需要通过获取和确认信息来克服自己的恐惧，而不是完全借助回避行为。

细菌恐惧

一些被非专业人士称为“细菌恐惧症”的心理疾病其实是“强迫症”。在这种情况下，由污垢和细菌引起的恐惧行为会导致患者产生一些仪式化的焦虑消除程序，比如重复清洁和确认。这种仪式在普通恐惧症中是不存在的。

在强迫症的治疗中，患者也要学会逐渐面对恐惧源，比如触碰或从地上捡起他认为肮脏的物品，把手放在地板上，等等，他们也应该停止清理仪式[13]。

因为这会增加患者和治疗师的工作……

疾病恐惧

在如今的社会中，我们对健康的渴望如此强烈，我们排斥任何风险。这会不会导致越来越多的人患上疾病恐惧症呢[14]？无论如何，这类疾病可能会在很多人身上出现。

疑病症患者处于一个极端。他们不仅害怕生病，还坚信自己已经得了严重的疾病，但是医生无法做出正确的诊断。这类疾病与强迫症类似。就像细菌恐惧症一样，这类患者也需要不断地获取信息（自我观察、自我诊断、反复做医学检查、找医生安慰自己等）。他们没有回避行为（有回避行为的人会避免去医院看自己的朋友）。他们的态度也有双重性。他们会害怕获得医学信息，比如百科全书上、报纸杂志上或电视广播节目中的信息。他们会想："如果我知道自己生病了该怎么办？"但他们又无法抵挡信息的诱惑："我一定要知道自己得了什么病。"

这类疾病的另一个极端是一些真正的恐惧症患者。他们害怕疾病，因此避免提起任何与疾病相关的事情，比如与疾病有关的对话、电视节目、书籍、杂志以及对疾病的描述……当他们的家人朋友提到身边哪个人得了病时，他们会说："不要跟我提这些！"他们会忽视自己的身体状况，因为他们害怕去医院做检查。

这类疾病的治疗非常微妙，因为这类患者一般都不太喜欢看心理医生。

他们要不就认为自己的警惕是件好事，要不就会觉得和专业人士谈自己的健康问题是很恐惧的事。这非常可惜。因为心理治疗在治疗恐惧症方面已经取得了很大的进步[15，16]。

死亡恐惧症

疾病恐惧症的部分患者也患有死亡恐惧症。每个人都有对死亡的恐惧，这也是主要的问题之一。我们是唯一一种明确知道自己有一天必然会死亡的物种，所以我们一定要学会忘记死亡，想别的事情，接受死亡。但这样的头脑“体操”不是每个人都能做到的。

焦虑的发作机制使一些人极力避免想到或提到死亡。他们会避免穿过墓地，尽量不看灵车和殡仪馆，不读讣告，不听已经去世的歌手的歌曲，等等。同时，他们又被“自己或家人迟早会死亡”的想法困扰，还会因此采取一些预防措施，比如重复进行医学检查，过度保护自己的孩子。

下面是我的一位死亡恐惧症患者写下的一段优美的文字[17]。

长久以来，我都不想死。这样的焦虑从何而来呢？我不知道。但是我记得在我七八岁的时候，我会早早起床，跑到爸爸妈妈的房间里确认他们是否还活着。

最初的几年，我对死亡的恐惧是能控制住的。那时我害怕黑色，黑色的衣服、黑色的图片甚至报纸上黑色的印刷字。我认为触摸黑色就是触摸死亡。我拒绝听到和死亡有关的一切，不管是棺材还是墓地。如果别人对我说“你的脸色像死人一样”，那我会立刻焦虑，心神不宁。对我来说，一切与死亡有关的事物都会导致死亡。于是我尽量避免一切让我产生恐惧的、与死亡相关的事物。

这就像心灵的癌症一样逐渐占据了所有空间，焦虑尽其所有将我吞噬。我决定尝试认知行为疗法。我的目标就是学会与恐惧共存。

第一个好消息是，我的治疗师告诉我，我并不是一个人，很多人都有相似的问题。第二个好消息是，这种病可以治！于是，在最初的几次治疗中，我学会了放松练习，这样，当恐惧来袭时我可以调节自己的情绪，防止惊恐发作。接下来，我的治疗师让我将所有我害怕的场合列出来，他可以按照我的进展和我一起面对它们。于是我列了一个从喝“猝死”牌啤酒到走进墓地的清单。

我的第一个暴露练习持续了5个月之久。练习中，我要学会平静地读报纸上的讣告。为了达到这个目的，我们需要经过几个步骤。首先，治疗师大声将讣告读出来；其次，我自己打开报纸，并在有讣告的那页写上我的名字；然后，扔掉报纸……每个步骤结束以后，我都能意识到，在接下来的几天里没有什么坏事发生。提到死亡不会导致死亡。我可以写“我要死了”，但我不会因此而死。

接下来，我还和我的治疗师去参观了墓地。我还记得冬天里的那天，我站在蒙帕纳斯墓地围栏边的样子。我不敢看坟墓，也不敢看墓碑上的字，我只敢走在主路上，不敢走偏僻的小路。第二次去的时候，我已经可以看坟墓并可以大声读出墓碑上的名字及日期。当我的治疗师让我拿掉一个墓碑上的落叶时，我的第一反应是拒绝。当然，最后我还是照做了。先是将落叶一片一片拿下来，但还是小心翼翼地不敢碰到墓碑。后来我开始将落叶一把一把捧在手里。

真正的转折点出现在当我开始观察墓地中的其他人时。有的人穿过墓地去上班，有的人带着鲜花来墓地祭奠故人，有的妈妈推着婴儿车，有两个青少年坐在长椅上聊天……生与死交织在一起。在和朋友聊天时，我发现，对很多人来说，墓地是一个让人能够静下心来的舒适的地方。

经过3年的治疗，我可以说我打败了恐惧，驯服了对死亡的恐惧，我更懂得享受生活。曾经的我悔恨地回想过去，焦虑地面对未来，我从未活在当下。如今，我知道我应该放下执念，接受我曾经无法接受的事实：我来到这个世界就是为了有一天离去。

有时，心理治疗不仅能使疾病痊愈，还能带来智慧。高乃依曾在《熙德》中写道："不惧怕死亡的人也不惧怕任何危险。"

畸形恐惧症或外表缺陷恐惧症

畸形恐惧症指的是坚信自己的外表存在缺陷，并由此产生恐惧，比如认为自己身上有异味而产生的恐惧。

畸形恐惧症患者对自己的外表缺陷有强迫性思维。他们会花费很多时间和精力，通过化妆、做发型或复杂的服饰风格来遮掩自己的缺陷。和其他人用餐时，他们会想尽办法展示自己喜欢的侧脸。他们从早到晚都关注自己的外表，不停地照镜子，或通过其他反光物体观察自己。也有相反的情况，有些人无法接受自己的外观，因此避免看到自己的照片，也无法看镜子中的自己，去理发馆理发的时候也故意不看镜子。畸形恐惧症患者有很多回避行为，一些患者不穿贴身的衣物，不穿泳衣，不敢裸身，不敢素颜出门。

一位名叫路易的患者家中没有一面镜子。他也从来不敢站在商店的橱窗前或者餐馆的镜子前。他只在网上买衣服，这样就不会看见试衣镜中的自己。他也不让别人为自己拍照或录影。他非常讨厌自己的外表，尤其是面部。他觉得自己非常丑（其实他一点也不丑）。他还觉得自己的腿又短又弯。他只有在抑郁的时候才看自己，因为他想要让自己更加难过，于是他会站在镜子前几小时，让自己陷入对自己“丑陋”外表产生的自怜和悲伤中。

路易的治疗过程很不容易。简单的安慰是起不到任何作用的。我们目前使用行为疗法的目的有两个，一个是让他们能够接受自己想象出的丑陋的外表，另一个目的是让他们能够正常地生活[18]。这一阶段完成以后，他们一般可以逐渐与自己和解。因为他们遇到的问题不仅仅与身体有关，更与自尊心有关。在路易的治疗中，我先是让他看镜子中的自己，然后让他去附近的游泳馆，并改掉从前的习惯——从前，他不到最后一刻不会拿掉披在身上的浴巾，拿下浴巾后他会立刻跳入水中。我让他只穿着泳衣，绕着游泳池走几圈。接下来，他又参加了我和其他两位心理医生组织的自尊心小组治疗。从那以后，路易逐渐接受了自己。他对我说："我说不上特别喜欢自己，但我能接受自己了。这已经很不错了……"

有关恐惧和恐惧症，我们作何结论

如果你是结尾恐惧症患者，那么你会非常害怕阅读以下内容。

我们在本书中简短地介绍了主要的恐惧，但我们不认为恐惧症有任何值得"颂扬"之处。正常的恐惧对于我们个人和物种也许能起到适应和进化的作用，但过度恐惧和恐惧症没有任何好处。它们只能对恐惧症患者造成巨大的痛苦，并严重影响他们的生活。虽然在相当长的一段时间内，恐惧症都被当作一种良性的、不常见的疾病，但实际上，近些年的研究成果表明，恐惧症是一种非常普遍、对患者影响极大的疾病。

本书就各种恐惧症的发病机制和治疗方法进行了说明，但我们不应该忘记的是，恐惧症患者的症状不能代表他们的全部。他们首先是人、经历痛苦的人，只是恐惧在他们的人生中占据了重要的地位。恐惧症的痊愈包括情绪症状、心理症状和行为症状的消失，也包括为患者带来视角和生活方式的转换。心理治疗师的角色就是帮助患者找到新的平衡点，因为恐惧症已经让他们形成很多坏习惯，而改变习惯是很难的。即使是遵循科学准则的心理治疗，也需要治疗师和患者之间形成默契。但如果治疗师不使用具有坚实科学基础并不断得到评估的治疗方法，与病患之间的默契对于治疗的帮助也十分有限。

我们对恐惧症的了解在近些年取得了巨大的进步。然而，如果想要更全面地了解恐惧的发生机制，我们还有必要进行更多的科学研究。研究的对象不应该局限于恐惧本身。我们还需要帮助对恐惧易感的儿童，防止恐惧症的最终形成。我们也应该研究是什么让人产生看恐怖片、坐过山车、参观鬼屋的欲望。也许这能让人感到可控的恐惧感带来的快感。这样的刺激感在我们生活的零风险时代也许是必要的，这样我们可以测试恐惧这种古老的自我保护机制还处在运行状态。同样的推断也适用于某些恐惧迷恋人群，比如喜爱在卧室收集狼蛛的人或喜欢攀岩、蹦极的人。他们在面对某种刺激的时候也有同样的情绪反应，但他们的策略是不同的：他们选择面对而不是逃避，选择掌控而不是放弃……对这种现象更恰当的理解也许能帮助我们治疗过度恐惧和恐惧症。

结语

“勇气，我几乎是没有的，但我装成有勇气的样子，

结果似乎没什么不同。”

——古斯塔夫·福楼拜

提到恐惧时，我们常会提到勇气。无论在何时、何地，勇气都是人人歌颂的美德。

感到恐惧就是缺乏勇气吗？

我不这样认为。我认为，只有体会到恐惧，才能展现勇气。因此我尊敬本书讲到的这些曾经感受到强烈恐惧的患者。他们和潜伏在内心的看不见的敌人斗争，这样的敌人更加可怕——它们能够用幻觉掩盖理智。这些患者在阴暗的角落独自斗争，除了他们自己，没人能看到、没人能感到他们的敌人。因此，很多哲人说，即使恐惧，有勇气的人仍然勇往直前。所以，我的患者都勇气可嘉[1]。

勇气也使他们能够体会到心理治疗中最珍贵的时刻——感到自己进步的时刻、面对恐惧不再倒退或停留不前的时刻、取得第一个胜利的时刻、恐惧

在他们面前节节败退的时刻、恐惧回归后顽强抵抗的时刻。他们就是哲人所说的“进步者”[2]——那些把生活当作训练场，当作不断学习和丰富自我的场所并不断进步的人。生活不再是一系列的预防措施和推脱逃避。从这时起，一切都变得不同。他们可以与恐惧和解，与恐惧共处，甚至可以聆听恐惧，他们不必再向恐惧妥协……

然后呢？恐惧被治愈以后会发生什么？治疗师的故事到此结束，而患者的故事才刚刚开始。因为战胜了恐惧就意味着获得了自由。每个人都可以用自己的意志决定自己的人生。一切皆有可能，就如孟德斯鸠所言：“是自由这一财富让我们有可能享受其他财富……”

练习

放松练习是治愈恐惧症时很有帮助的工具。这些练习不应该单独进行，没有同时进行本书提到的暴露练习和视角转换练习，那么此类练习的效果是不持久的。放松练习可以降低暴露练习和视角转换练习的难度。

最初，放松练习不会阻止恐惧的产生，也不会导致恐惧的消失。此类练习没有治疗作用，只有预防作用。放松练习能让你逐渐摆脱对恐惧的预期和多思引起的无意识的慢性焦虑状态。

只有规律的放松练习才有效果。坚持每天都做几分钟练习好过每个星期一次性做半小时练习。不要期待练习会立刻产生神奇的效果。和所有学习过程一样，最初，结果是不明显的。接下来，效果会逐渐显现。有的时候我们虽然需要一定的效果，但我们就是无法放松和平静下来。这时我们要学会接受，因为我们的身体和心灵都不是冰冷的机器。我们给自己的目标是接近平静状态，而不是达到平静状态。这类似于失眠的人尝试采用一些入睡的技巧（但我们无法强迫自己入睡），他们会想办法让自己放松下来从而接近睡眠状态。如果你用放松练习帮助自己克服恐惧症，那么你也可以在治愈恐惧症以后继续利用这类练习增加日常生活中的幸福感。

放松练习

放松练习的目的是将人引入一种身体放松的状态。起初我们需要做一系列有意识的练习。接下来，练习中学习的技巧会逐渐变成条件反射，当你的身体和心灵做好准备时，它们会在需要时自动运行。每当你感到紧张或压力很大时，条件反射就会提醒你需要平复身体和心灵的过激反应。放松练习的目的不是让自己在各种情况下都能保持平静的状态，而是在尽可能多的情况下做到这点：用平静的心态面对这样或那样的处境。当然，放松练习有多种技巧。我们会在下文介绍一种从非常古老而常用的方法中演化而来的放松技巧——自律神经训练法[1]。

放松练习在恐惧症治疗中的作用

放松练习在恐惧症治疗中有很多作用。它可以缓解患者的躯体紧张感，在面对恐惧前，它可以帮助患者做好准备，也可以加快练习后的情绪恢复。

放松练习的具体方法

放松练习可以仰卧或坐着进行。安静的环境以及闭眼都有利于放松练习的进行。一段时间以后，患者可以随时随地睁眼进行放松练习，比如在公交车或办公室里。

放松练习适用于以下三种情况。

第一种，预防性放松练习。

此类放松练习非常简短，几秒或几分钟皆可。这类“迷你”放松练习可以在全天中的任何时刻进行。练习的目的是查看自己是否处在比较舒适的状态。练习的具体步骤如下：缓慢地深呼吸，放松颈部和肩部的肌肉。练习可以睁眼进行。

第二种，准备性放松练习。

在暴露练习前进行此类练习可以减少由恐惧引起的躯体反应。在这种情况下，你无须感到放松，因为练习的目的是减少紧张感，同时提醒自己没必要无限加强恐惧并最终陷入惊恐之中。练习时间不必过长，你会感到练习的效果在某一刻不再增强，这时你就可以停下来了，这表示你已经准备好面对恐惧了。

第三种，恢复性放松练习。

此类练习适用于暴露练习后，或者在一天即将结束时全身疲倦的时刻。练习的持续时间比前两种稍长，但难度较低。因为此种练习的目的不是克服恐惧，而是让人找到一种全身放松的舒适状态。这类练习也很重要，因为你可以借此更深入地掌握放松的技巧。因此，它在你面对恐惧时能提供更多的帮助。日复一日，年复一年，你的身体会逐渐形成自动反应。这类练习甚至能逐渐改变你的脑结构，包括有关恐惧症的交感神经系统。

放松练习的例子

下面我会介绍一个放松练习的简化版本。你不需要把它熟记于心。最初你只需完成基本步骤，练习的原理比实际步骤更重要。你可以时常阅读文本，用自己的语言、根据自己的需求进行重述。接下来的文本会不知不觉印入你的脑海。

记住，每天几分钟的练习好于每周半小时，你也不要期待刚开始练习就体会到神奇的放松效果。

我舒服地坐着或躺着，闭上双眼……

我尽力保持平静而放松的状态。

我试着不去注意四周的声音和头脑里时常冒出的想法。

我让四周的声音和头脑里的想法在我的意识里穿行，我不试图将它们从头脑中赶走，也不被它们所吸引。我平静地接受它们的存在。

就好像我在举办一场宴席，客人们走来走去，最后安坐在他们选择的座位上。

我把注意力放在我正在做的事情上——让放松的感觉在我的身上蔓延。

我深呼吸几次。

我的呼吸节奏平静而缓慢

我的鼻腔和喉咙能感到凉爽的空气被吸入、温暖的空气被呼出。

每次呼气时我都能感到自己的身体越来越放松。

每次呼吸都能带走一点儿紧张感。

我的呼吸平静而缓慢……

下面我会逐一检查身体的各个部位是否放松……

我能感到自己的脚，我的脚趾、我的脚掌、我的脚背。我感到我的脚踝和小腿、我的膝盖、我大腿的肌肉。我感到我的髋部和臀部、我的腹部。我感到我的后背和胸部……

我感到自己在安静地呼吸。每次呼吸都会让我的身体更放松。

我放松自己的肩部和颈部。

我放松自己的下颌、我的脸颊、我的额头、我的眼皮……

我感到十分平静，十分放松……

我的两只手臂感到舒适的沉重感[①]……

我的腿也有同样的感觉……

我的身体也是……

我的整个身体都能感到舒适的沉重感……

我感到十分平静，十分放松……

① 有些人会觉得这种沉重感非常舒服。

现在，我能感觉到我的腹部，腹腔神经丛位置上出现一股舒服的热气。

每次呼吸时，热气都会增多……

我的腹腔神经丛感到非常舒适，非常温暖……

我感到非常平静，非常放松……

当我想要结束练习时，我深呼吸两次，缓缓地拉伸自己的胳膊和腿，然后睁开双眼……

参考文献

第一章

1. CURTIS G.C. et coll., "Specific fears and phobias", *Psychological Medi- cine*, 1998, 173 : 212-217.
2. KESSLER R.C. et coll., "Lifetime and 12-month prevalence of DSM-III-R psychiatric disorders in the United States : results form the National Comorbidity Survey", *Archives of General Psychiatry*, 1994, 51 : 8-19.
3. STEIN D.J. (ed)., "Clinical manual of anxiety disorders", *Arlington*, *Ameri- can Psychiatric Publishing*, 2004.
4. CROMPTON G.K. et coll., "Maladies du système respiratoire", *in* Haslet C. et coll. : *Davidson. Médecine interne*, *principes et pratique*, Paris, Maloine, 2000, pp. 326-335.
5. MCLEAN P.D., GUYOT R., *Les Trois Cerveaux de l'homme*, Paris, Laffont, 1990.

第二章

1. VAN RILLAER J., *Psychologie de la vie quotidienne*, Paris, Odile Jacob, 2003.
2. VAN RILLAER J., " Une légende moderne : 'les comportementalistes ne trai- tent que les symptômes' ", *Journal de thérapie comportementale et cogni- tive*, 2004, 14 : 3-7.

3. GRÜNBAUM A., *Les Fondements de la psychanalyse. Une critique philosophique*, Paris, PUF, 1996.
4. LAPLANCHE J., PONTALIS J.B., *Vocabulaire de la psychanalyse*, Paris, PUF, 1976.
5. GÉLINEAU E., *Des peurs maladives ou phobies*, Paris, Société d' Éditions scientifiques, 1894.
6. BIRRAUX A., *Les Phobies*, Paris, PUF, 1995.
7. GORWOOD P., " L' anxiété est-elle héréditaire ? ", *L'Encéphale*, 1998, 24 : 252-255.
8. CRASKE M.G., " Disposition to fear and anxiety : negative affectivity ", *in* Craske M.G. : *Origins of phobias and anxiety disorders*, Oxford, Elsevier, 2003, p. 33-50.
9. FRIEZ B.M. et coll., " Diabète sucré, troubles nutritionnels et métaboli- ques ", *in* Haslet C et coll. : *Davidson. Médecine interne, principes et pra- tique*, Paris, Maloine, 2000, p. 472-509.
10. HUIZINK A et coll., " Prenatal stress and risk for psychopathology : specific effects or induction of general susceptibility ? ", *Psychological Bulletin*, 2004, 130(1) : 115-142.
11. BERTENTHAL B.I. et coll., " A re-examination of fear and its determinants on the visual cliff ", *Psychophysiology*, 1984, 21 : 413-417.
12. POULTON R. et coll., " Evidence for a non-associative model of the acquisition of the fear of heights ", *Behaviour Research and Therapy*, 1998, 36 : 537-544.
13. POULTON R. et coll., " Low fear in childhood is associated with sporting prowess in adolescence and young adulthood ", *Behaviour Research and Therapy*, 2004, 40 : 1191-1197.
14. MURIS P. et coll., " How serious are common chidhood fears ? " *Behaviour Research and Therapy*, 2000, 38 : 217-228.
15. BREWIN C.R. et coll., " Psychopathology and early experience : a reapprai- sal of retrospective reports ", *Psychological Bulletin*, 1993, 113 : 82-98.

16. MURIS P. et coll., " Children' s nighttime fears : parent-child ratings of frequency, contents, origins, coping behaviors and severity ", *Behaviour Research and Therapy*, 2001, 39 : 13-28.
17. ANTONY M.M. et coll., " Heterogeneity among specifics phobias types in DSM-IV ", *Behaviour Research and Therapy*, 1997, 35 : 1089-1100.
18. MARKS I., " Phobias and obsessions. Clinical phenomena in search of laboratory models ", *in* J.D. Maser et M.E.P. Seligman (eds), *Psychopathology : Experimental Models*, San Francisco, Freeman, 1977.
19. SELIGMAN M., " Phobias and preparedness ", *Behavior Therapy*, 1971, 2 : 307-320.
20. COOK M. et coll., " Selective associations in the origins of phobics fears and their implications for behavior therapy ", *in* P. Martin (ed), *Handbbok of Behavior Therapy and Psychological Science*, New York, Pergamon Press, 1991.
21. TOMARKEN A.J. et coll., " Fear relevant selective associations and covariations bias ", *Journal of Abnormal Psychology*, 1989, 98 : 381-394.
22. KENDLER K.S. et coll., " The genetic epidemiology of phobias in women ", *Archives of General Psychiatry*, 1992, 49 : 273-281.
23. ANDREWS G. et coll., " The prevention of mental disorders in young peo- ple ", *Medical Journal of Australia*, 2002, 177 : S97-S100.
24. SUOMI S.J., " Early determinants of behaviour : evidence from primates studies ", *British Medical Bulletin*, 1997, 53 : 170-1784.
25. BRUSH F.R. et coll., " Genetic selection for avoidance behaviour in the rat ", *Behavioural Genetic*, 1979, 9 : 309-316.
26. KAGAN J. et coll., " Temperamental factors in human development ", *American Psychologist*, 1991, 46 : 856-886.
27. ROSENBAUM J.F. et coll., " Behavioral inhibition in children : a possible precursor to panic disorder or social phobia ", *Journal of Clinical Psy- chiatry*, 1991, 52 : 5-9.
28. ARON E., *Ces gens qui ont peur d'avoir peur*, Montréal, Le Jour, 1999.
29. RACHMAN S.J., " Fear and courage among military bomb disposal opera- tors ",

Advances in Behaviour Research and Therapy, 1983, 4 : 99-165.

30. REISS S. et coll., “ Anxiety sensitivity, anxiety frequency and the prediction of fearfulness ”, *Behaviour Research and Therapy*, 1986, 24 : 1-8.
31. MALLER R.G. et coll., “ Anxiety sensitivity in 1984 and risk of panic attacks in 1987 ”, *Journal of Anxiety Disorders*, 1992, 6 : 241-247.
32. DESCARTES R., *Les Passions de l'âme*, Paris, Flammarion, 1996.
33. DAVEY G.C.L., “ A conditioning model of phobias ”, *in Phobias, a Handbook of Theory, Research and Treatment*, Chichester, Wiley, 1997.
34. BOUWER C. et coll., “ Association of panic disorder with a history of traumatic suffocation ”, *American Journal of Psychiatry*, 1997, 154 : 1566-1570.
35. Cité dans LEDOUX J., *The Emotional Brain*, New York, Simon and Schus- ter, 1996.
36. BLOCK R.I. et coll., “ Effects of a subanesthetic concentration of nitrous oxide on establishment, elicitation, and semantic and phonemic elicitation of classically conditioned skin conductance responses ”, *Pharmacology, Biochemistry and Behaviour*, 1987, 28 : 7-14.
37. VAN RILLAER J., *Peurs, angoisses et phobies*, Paris, Bernet-Danilo, 1997.
38. DE JONG P.J. et coll., “ Spider phobia in children ”, *Behaviour Research and Therapy*, 1997, 35 : 559-562.
39. MURIS P. et coll., “ The role of parental fearfulness and modeling in children’ s fear ”, *Behaviour Research and Therapy*, 1996, 34 : 265-268.
40. FIELD A.P. et coll., “ Who’ s affraid of the big bad wolf : a prospective paradigm to test Rachman’ s indirect pathways in children ”, *Behavior Research and Therapy*, 2001, 39 : 1259-1276.
41. MURIS P. et coll., “ Fear of the beast : a prospective study on the effects of negative information on childhood fear ”, *Behaviour Research and The- rapy*, 2004, 41 : 195-208.
42. FIELD A.P. et coll., “ Fear information and the development of fears during childhood : effects on implicit fear responses and behavioural avoidance ”, *Behaviour Research and Therapy*, 2003, 41 : 1277-1293

43. BELMONT N., *Comment on fait peur aux enfants*, Paris, Mercure de France, 1999.
44. CRASKE M.G., *Origins of Phobias and Anxiety Disorders : Why more Women than Men ?*, Oxford, Elsevier, 2003.
45. MCGUIRE M, TROISI A., *Darwinian Psychiatry*, Oxford, Oxford University Press, 1998.
46. WEINBERG M.K. et coll., " Gender differences in emotional expressivity and self-regulation during infancy ", *Developmental Psychology*, 1999, 35 : 175-188.
47. BRODY L.R., HALL J.A., " Gender and emotion ", *in* M. Lewis et J.M. Havilland, *Handbook of Emotions*, New York, Guilford Press, 1993, p. 447-460.
48. KERR M. et coll., " Stability of inhibition in a swedish longitudinal sam- ple ", *Child Development*, 1994, 65 : 138-146.
49. TRONICK E.Z., COHN J.F., " Infant-mother face-to-face interaction : age and gender differences in coordination and occurrence of miscoordination ", *Child Development*, 1989, 60 : 85-92.
50. MCCLURE E.B., " A meta-analytic review of sex-differences in facial expression processing and their development in infants, children and adolescents ", *Psychological Bulletin*, 2000, 3 : 424-453.
51. LINDGREN A., *Fifi Brindacier*, Paris, Hachette, 2001.
52. CHAMBLESS D.L., MASON J., " Sex, sex-role stereotyping and agoraphobia ", *Behaviour Research and Therapy*, 1986, 24 : 231-235.
53. ARRINDELL W.A. et coll., " Masculinity-femininity as a national characteristic and its relationship with national agoraphobic fear level ", *Behaviour Research and Therapy*, 2003, 41 : 795-807.

第三章

1. KOSTER E.H.W. et coll., " The paradoxical effects of suppressing anxious

thoughts during imminent threat ", *Behaviour Research and Therapy*, 2003, 41 : 1113-1120.

2. FELDNER M.T. et coll., " Emotional avoidance : an experimental test of individual differences and response suppression using biological chal- lenge ", *Behaviour Research and Therapy*, 2003, 41 : 403-411.
3. RODRIGUEZ B.I. et coll., " Does distraction interfers with fear reduction during exposure ? ", *Behavior Therapy*, 1995, 26 : 337-349.
4. JOHNSTONE K.A., PAGE A.C., " Attention to phobic stimuli during expo- sure : the effect of distraction on anxiety reduction, self-efficacy and percei- ved control ", *Behaviour Research and Therapy*, 2004, 42 : 249-275.
5. ÖHMAN A. et coll., " Unconscious anxiety : phobic responses to masked sti- muli ", *Journal of Abnormal Pychology*, 1994, 103 : 231-240.
6. WELLS A. et coll., " Social phobia : a cognitive approach ", *in : Phobias, a Handbook of Theory, Research and Treatment*, Davey G.C.L., Chichester, Wiley, 1997.
7. TOLIN D.F. et coll., " Visual avoidance in specific phobia ", *Behaviour Research and Therapy*, 1999, 37 : 63-70.
8. THORPE S.J. et coll., " Selective attention to real phobic and safety stimu- lus ", *Behaviour Research and Therapy*, 1998, 36 : 471-481
9. STOPA L., CLARK D.M., " Social phobia and interpretation of social events ", *Behaviour Research and Therapy*, 2000, 38 : 273-283.
10. WINTON E.C. et coll., " Social anxiety, fear of negative evaluation and the detection of negative emotion in others ", *Behaviour Research and The- rapy*, 1995, 33 : 193-196
11. LAVY E. et coll., " Selective attention evidence by pictorial and linguistic stroop tasks ", *Behavior Therapy*, 1993, 24 : 645-657.
12. HOPE D.A. et coll., " Social anxiety and the recall of interpersonal informa- tion ", *Journal of Cognitive Psychotherapy*, 1990, 4 : 185-195.
13. MURIS P. et coll., " The emotional reasoning heuristic in children ", *Beha- viour Research and Therapy*, 2003, 41 : 261-272.

14. ARNTZ A. et coll., " 'If i feel anxious, there must be danger' : ex-consequentia reasoning in inferring danger in anxiety disorders ", *Behaviour Research and Therapy*, 1995, 33 : 917-925.
15. LAVY E. et coll., " Attentional bias and spider phobia ", *Behaviour Research and Therapy*, 1993, 31 : 17-24.
16. RAUCH S.L. et coll., " A positron emission tomographic study of simple phobic symptom provocation ", *Archives of General Psychiatry*, 1995, 52 : 20-28.
17. STEIN M.B. et coll., " Increased amygdala activation to angry and contemptuous faces in generalized social phobia ", *Archives of General Psychiatry*, 2002, 59 : 1027-1034.
18. TILFORS M. et coll., " Cerebral blood flow in subjects with social phobia during stressfull speaking tasks : a PET study ", *American Journal of Psy- chiatry*, 2001, 158 : 1220-1226.
19. WILLIAMS L.M. et coll., " Mapping the time course of nonconscious and conscious perception of fear : an integration of central and peripheral mesu- res ", *Human Brain Mapping*, 2004, 21 : 64-74.
20. FURMARK T. et coll., " Common changes in cerebral blood flow in patients with social phobia treated with citalopram or cognitive-behavioral the- rapy ", *Archives of General Psychiatry*, 2002, 59 : 425-433.
21. GORMAN J.M. (ed)., *Fear and Anxety : the Benefits of Translational Research*, Arlington, American Psychiatric Publishing, 2004.

第四章

1. ELLIS A., *Reason and Emotion in Psychotherapy*, New York, Birch Lane Press, 1994.
2. DE JOONG P.J. et coll., " Blushing may signify guilt : revealing effects of blushing in ambiguous social situations ", *Motivation and Emotion*, 2003, 27 : 225-249.
3. SÜSKIND P., *Le Pigeon*, Paris, Fayard, 1987.

4. WENZEL A. et coll., “ Autobiographical memories of anxiety-related experiences ”, *Behaviour Research and Therapy*, 2004, 42 : 329-341.
5. LANG A.J. et coll., “ Fear-related state dependant memory ”, *Cognition and Emotion*, 2001, 15 : 695-703.
6. JANET P., *Les Névroses*, Paris, Flammarion, 1909.
7. RIHMER Z., “ Comorbidity between phobias and mood disorders ”, *in* M. Maj et coll. (eds), *Phobias*, Chichester, Wiley, 2004.
8. BOUMAN T.K., “ Intra- and interpersonal consequences of experimentally induced concealment ”, *Behaviour Research and Therapy*, 2003, 41 : 959-968.
9. GEORGE F., *L'Effet 'Yau de poêle*, Paris, Hachette, 1979.
10. ZWEIG S., *La Peur*, Paris, Grasset, 1935.
11. DILORENZO T.M. et coll., “ Long-term effects of aerobic exercise on psychological outcomes ”, *Preventive Medicine*, 1999, 28 : 75-85.
12. THAYER R.E., “ Rational mood substitution : exercise more and indulge less ”, *in* R.E. Thayer, *The Origin of Everyday Moods*, Oxford, Oxford Uni- versity Press, 1996, p 157-168.
13. BROMAN-FULKS J.J. et coll., “ Effects of aerobic exercise on anxiety sensitivity ”, *Behaviour Research and Therapy*, 2004, 42 : 125-136.
14. SERVAN-SCHREIBER D., *Guérir*, Paris, Laffont, 2003.
15. VENTURELLO S. et coll., “ Premorbid conditions and precipitating events in early-onset panic disorder ”, *Comprehensive Psychiatry*, 2002, 43 : 28-36.
16. BARLOW D.H., “ Biological aspects of anxiety and panic ”, *in* D.H. Barlow, *Anxiety and its Disorders*, New York, Guilford Press, 2002, p. 180-218.
17. ANDRÉ C. et coll., *Le Stress*, Toulouse, Privat, 1998.

第五章

1. INSERM, Expertise collective, *Psychothérapies, trois approches évaluées*, Paris, Éditions Inserm, 2004.

2. ANDRÉ C., " Clinique et traitement des troubles anxieux : un état des lieux ", *La Lettre des neurosciences*, 2004, n° 26 : 19-21.
3. LEDOUX J., *Neurobiologie de la personnalité*, Paris, Odile Jacob, 2004.
4. Voir l' interview du neurobiologiste Joseph LEDOUX dans la revue *Sciences humaines*, n° 149, mai 2004, p. 42-45.
5. BARLOW D.H. et coll., " Toward a unified treatment for emotional disor- ders ", *Behavior Therapy*, 2004, 35 : 205-230.
6. GOLDAPPLE K. et coll., " Modulation of cortical-limbic pathways in major depression : treatment-specific effects of cognitive-behavioral therapy ", *Archives of General Psychiatry*, 2004, 61 : 34-41.
7. NAKATANI E. et coll., " Effects of behavior therapy on regional cerebral blood flow in obsessive-compulsive disorder ", *Psychiatry Research*, 2003, 124 : 113-120.
8. PAQUETTE V. et coll., " Change the mind and you change the brain : effects of cognitive-behavioral therapy on the neural correlates of spider phobia ", *NeuroImage*, 2003, 18 : 401-409.
9. FURMARK T. et coll., " Common changes in cerebral blood flow in patients with social phobia treated with citalopram or cognitive-behavioral the- rapy ", *Archives of General Psychiatry*, 2002, 59 : 425-433.
10. WORLD HEALTH ORAGANIZATION, *Treatment of Mental Disorders*, Washington DC, American Psychiatric Press, 1993.
11. Cités par Marc CRAPEZ dans son ouvrage : *Défense du bon sens*, Paris, Éditions du Rocher, 2004.
12. " Woody et tout le reste ", *L'Express*, 23 octobre 2003, p. 68-69.
13. VAN RILLAER J., *Les Thérapies comportementales*, Paris, Bernet-Danilo, 1995.
14. BARLOW D.H. et coll., " Advances in the psychosocial treatment of anxiety disorders ", *Archives of General Psychiatry*, 1996, 53 : 727-735.

15. MAVISSAKALIAN M.R., PRIEN R.F. (éds.), *Long-Term Treatments of Anxiety Disorders*, Washington, American Psychiatric Press, 1996.

16. BÉNESTEAU J., *Mensonges freudiens*, Sprimont (Belgique), Mardaga, 2003. Voir aussi : MAHONY P., *Dora s'en va. Violence dans la psychanalyse*, Paris, Les Empêcheurs de penser en rond, 2001. Ou encore : POLLAK R., *Bruno Bettelheim, ou la Fabrication d'un mythe*, Paris, Les Empêcheurs de penser en rond, 2003.

17. RODRIGUEZ B.I. et coll., " Does distraction interfers with exposure ? ", *Behavior Therapy*, 1995, 26 : 337-349.

18. ROTHBAUM B.O. et coll., " Effectiveness of computer-generated (virtual reality) graded exposure in the treatment of acrophobia ", *American Jour- nal of Psychiatry*, 1995, 152 : 626-628.

19. CARLIN A.S. et coll., " Virtual reality and tactile augmentation in the treatment of spider phobia ", *Behavior Research and Therapy*, 1997, 35 : 153-158.

20. MÜHLBERGER A. et coll., " Repeated exposure of flight phobics to flight in virtual reality ", *Behavior Research and Therapy*, 2001, 39 : 1033-1050.

21. LÉGERON P. et coll., " Thérapie par réalité virtuelle dans la phobie sociale : étude préliminaire auprès de 36 patients ", *Journal de thérapie comporte-mentale et cognitive*, 2003, 13 : 13-127.

22. ANDERSON P. et coll., " Virtual reality exposure in the treatment of social anxiety disorder ", *Cognitive and Behavioral Practice*, 2003, 10 : 240-247.

23. COTTRAUX J., *Les Thérapies cognitives*, Paris, Retz, 2001.

24. DAVIDSON P.R., PARKER K.C.H., " Eye movement desensitization and reprocessing (EMDR) : meta-analysis ", *Journal of Consulting and Clinical Psychology*, 2001, 69 : 305-316.

25. DE JONGH A. et coll., " Treatment of specific phobias with EMDR : proto-col, empirical status and conceptual issues ", *Journal of Anxiety Disorders*,

1999, 13 : 69-85.

26. TEASDALE J.D., " EMDR and the anxiety disorders : clinical research implications and integrated psychotherapy treatment ", *Journal of Anxiety Disorders*, 1999, 13 : 35-67.
27. BIRRAUX A., *Les Phobies*, Paris, PUF, 1995.
28. BIRRAUX A., *op. cit.*
29. REY P., *Une saison chez Lacan*, Paris, Robert Laffont, 1989.
30. MCCULLOUGH L. et coll., " Assimilative integration : short-term dynamic psychotherapy for treating affect phobias ", *Clinical Psychology Science*, 2001, 8 : 82-97.
31. RAIMY V.C., *Training in Clinical Psychology*, Prentice-Hall, New York, 1950.
32. MARKS I., " Fear reduction by psychotherapies : recent findings, future directions ", *British Journal of Psychiatry*, 2000, 176 : 507-511.

第六章

1. KAGAN K., *Des idées reçues en psychologie*, Paris, Odile Jacob, 2000.
2. MONTAIGNE, *Essais*, Paris, Garnier-Flammarion, 1969, Livre I, Chapi- tre XXI " De la force de l' imagination " .
3. BURTON R., *Anatomie de la mélancolie*, Paris, José Corti, 2000.
4. COTTRAUX J., MOLLARD E., *Les Phobies*, *perspectives nouvelles*, Paris, PUF, 1986.
5. SKRABANEK P., MCCORMICK J., *Idées folles*, *idées fausses en médecine*, Paris, Odile Jacob, 1992.
6. RIBOT T., *Psychologie des sentiments*, Paris, Alcan, 1896.
7. FREUD S., *Introduction à la psychanalyse*, Paris, Payot, 1971.
8. KLEIN D.F., " Delineation of two drug responsive anxiety syndromes ", *Psychopharmacologia*, 1964, 5 : 397-408.

9. WOLPE J., *Pratique de la thérapie comportementale*, Paris, Masson, 1975.
10. MARKS I., *Traitement et prise en charge des malades névrotiques*, Québec, Gaëtan Morin, 1985.
11. AMERICAN PSYCHIATRIC ASSOCIATION, *DSM-IV*, *Manuel diagnostique et statistique des troubles mentaux*, 4e édition, Paris, Masson, 1996.

第七章

1. MAGEE W.J. et coll., " Agoraphobia, simple phobia and social phobia in the National Comorbidity Survey ", *Archives of General Psychiatry*, 1996, 53 : 159-168.
2. FREDRIKSON M. et coll., " Gender and age differences in the prevalence of specific fears and phobias ", *Behaviour Research and Therapy*, 1996, 344 : 33-39.
3. CHAPMAN T.F. et coll., " A comparison of treated and untreated simple pho- bia ", *American Journal of Psychiatry*, 1993, 150 : 816-818.
4. RACHMAN S. et coll., " Fearful distortions ", *Behaviour Research and Therapy*, 1992, 30 : 583-589.
5. FREDRIKSON M. et coll., " Functional neuroanatomy of visualy elicited sim- ple phobic fear ", *Psychophysiology*, 1995, 32 : 43-48.
6. WESSEL I, MERCKELBACH H., " Memory threat-relevant and threat-irrelevant cues in spider phobics ", *Cognition and Emotion*, 1998, 12 : 93-104.
7. SÜSKIND P., *Le Pigeon*, Paris, Fayard, 1987.
8. DAVEY G.C.L. et coll., " A cross-cultural study of animal fears ", *Beha- viour Research and Therapy*, 1998, 36 : 735-750.
9. SHAKESPEARE, *In Œuvres complètes*, *Le Marchand de Venise*, Paris, Gallimard, 1959. Acte IV, scène 1.
10. MCNALLY R.J. et coll., " The etiology and maintenance of severe animals phobias ", *Behaviour Research and Therapy*, 1985, 23 : 431-435.
11. SIMPÈRE F., *Vaincre la peur de l'eau*, Alleur (Belgique), Marabout, 1998.

12. RACHMAN S.J., " Claustrophobia ", *in : Phobias, a Handbook of Theory, Research and Treatment*, Davey G.C.L., Chichester, Wiley, 1997, p. 163- 181.
13. MELENDEZ J., MCCRANK E., " Anxiety-related reactions associated with magnetic resonance examinations ", *Journal of the American Medical Association*, 1993, 270 : 745-747.
14. AUBENAS F., " Le cauchemar de Paul, claustrophobe ", *Libération*, 6 mai 1994.
15. VAN GERWEEN L.J. et coll., " People who seek help for fear of flying : typology of flying phobics ", *Behavior Therapy*, 1997, 28 : 237-251.
16. ZUMBRUNNEN R., *Pas de panique au volant*, Paris, Odile Jacob, 2002.
17. KUCH K., " Accident phobia ", *in : Phobias, a Handbook of Theory, Research and Treatment*, Davey G.C.L., Chichester, Wiley, 1997, p. 153-162.
18. SABOURAUD A., *Revivre après un choc*, Paris, Odile Jacob, 2001.
19. ARRINDELL W.A. et coll., " Dissimulation and the sex difference in self-assessed fears ", *Behaviour Research and Therapy*, 1992, 30 : 307-311.
20. ÖST L.G., HELLSTROM K., " Blood-injury-injection phobia ", *in : Phobias, a Handbook of Theory, Research and Treatment*, Davey G.C.L., Chichester, Wiley, 1997, p 63-80.
21. POULTON R. et coll., " Good teeth, bad teeth and fear of the dentist ", *Behaviour Research and Therapy*, 1997, 35 : 327-334.
22. BERLIN I. et coll., " Phobics symptoms, particulary the fear of blood and injury, are associated with poor glycemic control in type I diabetic adults ", *Diabetes Care*, 1997, 20 : 176-478.
23. ÖST L.G. et coll., " Applied tension : a specific behavioral method for treatment of blood phobia ", *Behaviour Research and Therapy*, 1987, 25 : 25-29.
24. HELLSTRÓM K. et coll., " One *versus* five sessions of applied tension in the treatment of blood phobia ", *Behaviour Research and Therapy*, 1996, 34 : 101-112.
25. CURTIS G.C. et coll., " Specific fears and phobias : epidemiology and classification ", *British Journal of Psychiatry*, 1998, 173 : 212-217.

26. FREDRIKSON M. et coll., “ Gender and age differences in the prevalence of specific fears and phobias ”, *Behaviour Research and Therapy*, 1998, 26 : 241-244.
27. WALD M.L., “ Shark attacks : when a plane crash at sea is the least of your worries ”, *New York Times*, Sunday May 2, 2004, p. 5.
28. Le film est sorti en 2004. Voir aussi le roman de J.K. ROWLING dont il est tiré : *Harry Potter et le Prisonnier d'Azkaban*, Paris, Gallimard, 1999.
29. Informations sur leur site : pied-dans-eau.fr. Attention : il ne s’ agit pas de psychothérapie, mais de stages – payants – de familiarisation avec l’ eau, conduits avec beaucoup de savoir-faire.
30. PANTALON M.V., LUBETKIN B.S., “ Use and effectiveness of self-help books in the practice of cognitive-behavioral therapy ”, *Cognitive and Behavioral Practive*, 1995, 2 : 213-228.
31. GILROY L.J. et coll., “ Controlled comparison of computer-aided vicarious exposure versus live exposure in the treatment of spider phobia ”, *Behavior Therapy*, 2000, 31 : 733-744.
32. KENWRIGHT M., MARKS I.M., “ Computer-aided self-help for phobia/panic via internet at home : a pilot study ”, *British Journal of Psychiatry*, 2004, 184 : 448-449.
33. ÖST L.G., “ Long-term effects of behavior therapy for specific phobia ”, *in* Mavissakalian M.R., Prien R.F. (eds.), *Long-Term Treatments of Anxiety Disorders*, Washington DC, American Psychiatric Press, 1996.
34. ÖST L.G., SALKOVSKIS P.M., HELLSTRÖM K., “ One-session therapist direc- ted exposure *vs.* self-exposure in the treatment of spider phobia ”, *Behaviour Therapy*, 1991 ; 22 : 407-422.
35. ÖST L.G., HELLSTRÖM K., KAVER A., “ One *versus* five sessions of exposure in the treatment of injection phobia ”, *Behavior Therapy*, 1992 ; 22 : 263-281.
36. ÖST L.G., “ One-session group treatment of spider phobia ”, *Behaviour Research and Therapy*, 1996 ; 34 : 707-715.

37. TSAO J.C.I., CRASKE M.G., " Timing of treatment and return of fear : effects of massed, uniform-, and expanding-spaced exposure schedules ", *Behavior Therapy*, 2000, 31 : 479-498.
38. ROY S. et coll., " La thérapie par réalité virtuelle dans les troubles phobi- ques ", *journal de thérapie comportementale et cognitive*, 2003, 13 : 97-100.

第八章

1. GILBERT P., ANDREWS B., *Shame : Interpersonal Behavior, Psychopathology and Culture*, Oxford, Oxford University Press, 1998.
2. ÖHMAN A., " Face the beast and fear the face : animal and social fears as prototypes for evolutionary analyses of emotion ", *Psychophysiology*, 1986, 23 : 215-221.
3. LEWIS M., " Self-conscious emotions ", *in* M. Lewis et J.M. Havilland, éd., *Handbook of Emotions*, New York, Guilford Press, 1993, p. 563-573.
4. Voir par exemple l' association 1901 des " Toastmasters " avec de nom- breux sites sur le réseau Internet.
5. MACQUERON G., ROY S., *La Timidité : comment la surmonter*, Paris, Odile Jacob, 2004.
6. FANGET F., *Affirmez-vous*！, Paris, Odile Jacob, 2000.
7. GEORGE G., VERA L., *La Timidité chez l'enfant et l'adolescent*, Paris, Dunod, 1999.
8. HEISER N. et coll., " Shyness : relationship to social phobia and other psychiatric disorders ", *Behaviour Research and Therapy*, 2003, 41 : 209-221.
9. PÉLISSOLO A., ANDRÉ C. et coll., " Social phobia in the community : relationship between diagnostic treshold and prevalence ", *European Psy- chiatry*, 2000, 15 : 25-28.
10. DAVIDSON J.R. et coll., " The boundary of social phobia : exploring the treshold ", *Archives of General Psychiatry*, 1994, 51 : 975-983.
11. WITTCHEN H.U., BELOCH E., " The impact of social phobia on quality of life ",

International Clinical Psychopharmacology, 1996, 11 : 15-23.

12. STEIN M.B. et coll., “ Public-speaking fears in a community sample ”, *Archives of General Psychiatry*, 1996, 53 : 169-174.
13. PÉLISSOLO A., ANDRÉ C. et coll., “ Personality dimensions in social phobics with or without depression ”, *Acta Psychiatrica Scandinavica*, 2002, 105 : 94-103.
14. DRUMMOND P.D. et coll., “ The impact of verbal social feed-back about blushing on social discomfort and facial blood flow during embarassing tasks ”, *Behaviour Research and Therapy*, 2003, 41 : 413-425.
15. HARTEMBERG P., *Les Timides et la timidité*, Paris, Alcan, 1910.
16. MOGG K. et coll., “ Selective orienting of attention to masked threat faces in social anxiety ”, *Behaviour Research and Therapy*, 2002, 40 : 1403-1414.
17. MOGG K., PHILIPPOT P., “ Selective attention to angry faces in clinical social phobia ”, *Journal of Abnormal Psychology*, 2004, 113 : 160-165.
18. STEIN M.B. et coll., “ Increased amygdala activation to angry and contemptuous faces in generalized social phobia ”, *Archives of General Psychiatry*, 2002, 59 : 1027-1034.
19. BÖGELS S.M., BRADLEY B.P., “ The causal role of self-awareness in blushing-anxious, socially-anxious and social phobics individuals ”, *Beha- viour Research and Therapy*, 2002, 40 : 1367-1384.
20. MANSELL W. et coll., “ Internal *versus* external attention in social anxiety : an investigation using a novel paradigm ”, *Behaviour Research and The- rapy*, 2003, 41 : 555-572.
21. HIRSCH C.R. et coll., “ Self-images play a causal role in social phobia ”, *Behaviour Research and Therapy*, 2003, 41 : 909-921.
22. COX B.J. et coll., “ Is self-criticism unique for depression ? A comparison with social phobia ”, *Journal of Affective Disorders*, 2000, 57 : 223-228.
23. COX B.J. et coll., “ Self-criticism in generalized social phobia and response to cognitive-behavioral treatment ”, *Behavior Therapy*, 2002, 33 : 479-491.
24. RACHMAN S. et coll., “ Post-event processing in social anxiety ”, *Behaviour*

Research and Therapy, 2000, 38 : 611-617.

25. ABBOTT M.J., RAPEE R.M., “ Post-event rumination and negative self-appraisal in social phobia before and after treatment ”, *Journal of Abnormal Psychology*, 2004, 113 : 136-144.
26. KACHIN K.E. et coll., “ An interpersonal problem approach to the division of social phobia suybtypes ”, *Behavior Therapy*, 2001, 32 : 479-501.
27. ERWIN B.A. et coll., “ Anger experience and expression in social anxiety disorder ”, *Behavior Therapy*, 2003, 34 : 331-350.
28. LINCOLN T.M. et coll., “ Effectiveness of an empirically supported treat- ment for social phobia in the field ”, *Behaviour Research and Therapy*, 2003, 41 : 1251-1269.
29. HEIMBERG R.G., BECKER R.E., *Cognitive-Behavioral Group Therapy for Social Phobia : Basic Mechanisms and Clinical Strategies*, New York, Guilford Press, 2002.
30. WELLS A., PAPAGEORGIOU C., “ Brief cognitive therapy for social phobia : a case series ”, *Behaviour Research and Therapy*, 2001, 39 : 713-720.
31. VONCKEN M.J. et coll., “ Interpretation and judgmental biases in social pho-bia ”, *Behaviour Research and Therapy*, 2003, 41 : 1481-1488.
32. CHRISTENSEN P.N. et coll., “ Social anxiety and interpersonal perception : a social relations model analysis ”, *Behaviour Research and Therapy*, 2003, 41 : 1355-1371.

第九章

1. NORTON G.R. et coll., “ Factors associated with panics attacks in non clini- cal subjects ”, *Behavior Therapy*, 1986, 17 : 239-252.
2. POLLACK M.H. et coll., “ Phenomenology of panic disorder ”, *in* D.J. Stein et E. Hollander (eds), *Textbook of Anxiety Disorders*, Washington DC, American Psychiatric Publishing, 2002, p. 237-246.
3. DELERM P., *Le Portique*, Paris, Éditions du Rocher, 1999.

4. REES C.S. et coll., " Medical utilisation and costs in panic disorder ", *Jour- nal of Anxiety Disorders*, 1998, 12 : 421-435.
5. MORITA S., *Shinkeishitsu*, Paris, Les Empêcheurs de penser en rond, 1997.
6. FARAVELLI C. et coll., " Five-years prospective naturalistic follow-up study of panic disorder ", *Comprehensive Psychiatry*, 1995, 36 : 271-277.
7. EHLERS A., " A one-year prospective study of panic attacks ", *Journal of Abnormal Psychology*, 1995, 104 : 164-172.
8. LEROY P., *Voyage au bout de l'angoisse*, Paris, Anne CARRIÈRE, 1997.
9. WEISSMAN M.M. et coll., " The cross-national epidemiology of panic disor- der ", *Archives of General Psychiatry*, 1997, 54 : 305-309.
10. MASER J.D. et coll., " Defining a case for psychiatric epidemiology : tres- hold, non-criterion symptoms and category *versus* spectrum ", *in* Maj M. et coll. (eds), *Phobias*, World Psychiatric Association, Chichester, Wiley, 2004, p 85-88.
11. BROWN T.A. et coll., " Current and lifetime comorbidity of the DSM-IV anxiety and mood disorders in a large clinical sample ", *Journal of Abnor- mal Psychology*, 2001, 110 : 179-192.
12. CANDILIS P.J. et coll., " Quality of life in patients with panic disorder ", *Journal of Nervous and Mental Disease*, 1999, 187 : 429-434.
13. LEON A.C., PORTERA L., WEISSMAN M.M., " The social cost of anxiety disorders ", *British Journal of Psychiatry*, 1995, 166 : 19-22.
14. ROY-BIRNE P.P. et coll., " Unemployment and emergency room visits pre- dict poor treatment outcome in primary care panic disorder ", *Journal of Clinical Psychiatry*, 2003, 64 : 383-389.
15. CLARK D.M., " A cognitive approach to panic ", *Behaviour Research and Therapy*, 1986, 24 : 461-470.
16. SERVANT D., PARQUET P.J., " Étude sur le diagnostic et la prise en charge du trouble panique en psychiatrie ", *L'Encéphale*, 2000, 26 : 33-37.
17. BOULENGER J.P. (éd.), *L'Attaque de panique : un nouveau concept ?*, Paris, Goureau, 1987.
18. STRÖHLE A. et coll., " Induced panic attacks shift gamma-aminobutyric acid

type A receptor modulatory neuroactive steroid composition in patients with panic disorder ", *Archives of General Psychiatry*, 2003, 60 : 161-168.

19. KROEZE S. et coll., " Imaginal provocation of panic in patients with panic disorder ", *Behavior Therapy*, 2000, 33 : 149-162.
20. SCHMIDT N.B. et coll., " Effects of cognitive behavioral treatment on physical health status in patients with panic disorder ", *Behavior Therapy*, 2003, 34 : 49-63.
21. VAN DER DOES et coll., " Heartbeat perception in panic disorder : a re-analysis ", *Behaviour Research and Therapy*, 2000, 38 : 47-62.
22. PAPP L.A. et coll., " Respiratory psychophysiology of panic disorder : 3 respiratory challenges in 98 subjects ", *American Journal of Psychiatry*, 1997, 154 : 1557-1565.
23. RACHMAN S. et coll., " Experimental analysis of panic III : claustrophobic subjects ", *Behaviour Research and Therapy*, 1987, 26 : 41-52.
24. CORRYELL W. et coll., " Aberrant respiratory sensitivity to CO_2 as a trait of familial panic disorder ", *Biological Psychiatry*, 2001, 49 : 582-587.
25. PERNA G. et coll., " Respiration in children at risk for panic disorder ", *Archives of General Psychiatry*, 2002, 59 : 185-186.
26. WILHELM F.H. et coll., " Characteristics of sighing in panic disorder ", *Biological Psychiatry*, 2001, 49 : 606-614.
27. ABELSON J.L. et coll., " Persistant respiratory irregularity in patients with panic disorder and generalized anxiety disorder ", *Biological Psychiatry*, 2001, 49 : 588-595.
28. TOREN P. et coll., " The prevalence of mitral valve prolapse in children with anxiety disorders ", *Journal of Psychiatric Research*, 1999, 33 : 357-361.
29. JACOB R.G. et coll., " Panic, agoraphobia and vestibular dysfunction ", *American Journal of Psychiatry*, 1996, 153 : 503-512.
30. SCHMIDT N.B. et coll., " Effects of cognitive behavioral treatment on physical health status in patients with panic disorder ", *Behavior Therapy*, 2003, 34 : 49-63.

31. Voir pour revue SPIEGEL D.A. et HOFMANN S.G., “ Psychotherapy for panic disorder ”, *in* D.J. Stein et E. Hollander (eds), *Textbook of Anxiety Disor- ders*, Washington DC, American Psychiatric Publishing, 2002, p. 273-288.
32. SCHMIDT N.B., TRAKOWSKI J., “ Interoceptive assesment and exposure in panic disorder. A descriptive study ”, *Cognitive and Behavioral Practice*, 2004, 11 : 81-92.
33. BROOCKS A. et coll., “ Exercise avoidance and impaired endurance capacity in patients with panic disorder ”, *Neuropsychobiology*, 1997, 36 : 182-187.
34. HAYS K.F., *Working It out : Using Exercise in Psychotherapy*, Washington DC, American Psychiatric Publishing, 1999.

第十章

1. GIL R., *Neuropsychologie*, Paris, Masson, 2000, p. 256-257.
2. SIDIKI S.S. et coll., “ Fear of the dark in children : is stationary night blind- ness the cause ? ”, *British Medical Journal*, 2003, 326 : 211-212.
3. HEINRICHS N. et coll., “ Cognitive-behavioral treatment for social phobia in Parkinson’ s disease ”, *Cognitive and Behavioral Practice*, 2001, 8 : 328-335.
4. SCHNEIER F.R. et coll., “ Characteristics of social phobia among persons with essential tremor ”, *Journal of Clinical Psychiatry*, 2001, 62 : 367-372.
5. SCHMIDT A.J.M., “ Does mental kinesiophobia exists ? ”, *Behaviour Research and Therapy*, 2003, 41 : 1243-1249.
6. JUGON J.C., *Phobies sociales au Japon*, Paris, ESF, 1998.
7. MCKEE D., *Encore toi*, *Isabelle ?* Paris, L’ École des loisirs, 1994.
8. BRANDT T., “ Phobic postural vertigo ”, *Neurology*, 1996, 46 : 1515-1519.
9. LARSON G., *It came from the far side*, Londres, Futura Publications, 1986.
10. HOFBERG K. et coll., “ Tokophobia : an unreasoning dread of childbirth ”, *British Journal of Psychiatry*, 2000, 176 : 83-85.
11. TSAO S.D., MCKAY D., “ Behavioral avoidance tests and disgust in conta- mination fears : distinctions from trait anxiety ”, *Behaviour Research and*

Therapy, 2004 : 42 : 207-216.

12. RANGELL L., " The analysis of a doll phobia ", *International Journal of Psychoanalysis*, 1952, 33 : 43-53.
13. SAUTERAUD A., *Je ne peux pas m'arrêter de laver, vérifier, compter*, Paris, Odile Jacob, 2000.
14. LEJOYEUX M., *Vaincre sa peur de la maladie*, Paris, La Martinière, 2002.
15. ASMUNDSON N., *Health Anxiety. Clinical and Research Perspectives on Hypochondriasis*, New York, Wiley, 2001.
16. MCCABE R. et coll., " Challenges in the assesment and treatment of health anxiety ", *Cognitive and Behavioral Practice*, 2004, 11 : 102-123.
17. Je remercie vivement la jeune femme qui m' a permis de reproduire son récit, ainsi que le magazine *Psychologies*, dans lequel il a été initialement publié, et qui m'a autorisé à l' intégrer à mon livre. *Psychologies*, 2003, n° 224, p. 132-134.
18. PHILLIPS K.A., *The Broken Mirror : Understanding and Treating the Body Dysmorphic Disorder*, Oxford, Oxford University Press, 1998.

结语

1. LACROIX M., *Le Courage réinventé*, Paris, Flammarion, 2003.
2. JOLLIEN A., *Le Métier d'homme*, Paris, Seuil, 2002.

练习

1. SCHULTZ J.H., *Le Training autogène*, Paris, PUF, 1982.